草原民俗风情漫话

漫话草原骆驼

田宏利／编著

内蒙古人民出版社

图书在版编目（CIP）数据

漫话草原骆驼/田宏利编著.-呼和浩特:内蒙古人民
出版社,2018.1
（草原民俗风情漫话）
ISBN 978-7-204-15225-4

Ⅰ.①漫…　Ⅱ.①田…　Ⅲ.①骆驼-介绍-中国
Ⅳ.①S824

中国版本图书馆 CIP 数据核字（2018）第 004869 号

漫话草原骆驼

编　　著	田宏利	
责任编辑	王　静	
责任校对	李向东	
责任印制	王丽燕	
出版发行	内蒙古人民出版社	
地　　址	呼和浩特市新城区中山东路 8 号波士名人国际 B 座 5 楼	
网　　址	http://www.nmgrmcbs.com	
印　　刷	内蒙古恩科赛美好印刷有限公司	
开　　本	880mm×1092mm　1/24	
印　　张	8.5	
字　　数	200 千	
版　　次	2019 年 1 月第 1 版	
印　　次	2019 年 1 月第 1 次印刷	
书　　号	ISBN 978-7-204-15225-4	
定　　价	36.00 元	

如发现印装质量问题,请与我社联系。联系电话:(0471)3946120

编委会成员

序

　　北方草原文化是人类历史上最古老的生态文化之一，在中国北方辽阔的蒙古高原上，勤劳勇敢的蒙古族人世代繁衍生息。他们生活在这片对苍天、火神、雄鹰、骏马有着强烈崇拜的草原上，生活在这片充满着刚健质朴精神的热土上，培育出矫捷强悍、自由豪放、热情好客、勤劳朴实、宽容厚道的民风民俗，创造了绵延千年的游牧文明和光辉灿烂的草原文化。

　　当回归成为生活理想、追求绿色成为生活时尚的时候，与大自然始终保持亲切和谐的草原游牧文化，重新进入了人们的视野，引起更多人的关注和重视。

　　为顺应国家提倡的"一带一路"经济建设思路和自治区"打造祖国北疆亮丽风景线"的文化发展推进理念，满足广大读者的阅读需求，内蒙古人民出版社策划出版《草原民俗风情漫话》系列丛书，委托编者承担丛书的选编工作。

　　依据选编方案，从浩如烟海的文字资料中，编者经过认真而细致的筛选和整理，选编完成了关于蒙古族民俗民风的系列丛书，将对草原历史文化知识以及草原民俗风情给予概括和介绍。这套

丛书共 10 册，分别是《漫话蒙古包》《漫话草原羊》《漫话蒙古奶茶》《漫话草原骆驼》《漫话蒙古马》《漫话草原上的酒》《漫话蒙古袍》《漫话蒙古族男儿三艺与狩猎文化》《漫话蒙古族节日与祭祀》《漫话草原上的佛教传播与召庙建筑》。

　　丛书对大量文字资料作了统筹和专题设计，意在使丰富多彩的民风民俗跃然纸上，并且向历史纵深延伸，从而让读者既明了民风民俗多姿多彩的表现形式，也能知晓它的由来和在历史进程中的发展。同时，力求使丛书不再停留在泛泛的文字资料的堆砌上，而是形成比较系统的知识，使所要表达的内容得到形象的展播和充分的张扬。丛书在语言上，尽可能多地保留了选用史料的原创性，使读者通过具有时代特点的文字去想象和品读蒙古族民风民俗的"原汁原味"，感受回味无穷的乐趣。丛书还链接了一些故事或传说，选登了大量的民族歌谣、唱词，使丛书在叙述上更加多样新颖，灵动而又富于韵律，令人着迷。

　　这套丛书，编者在图片的选用上也想做到有所出新，选用珍贵的史料图片和当代摄影家的摄影力作，以期给丛书增添靓丽风采和厚重的历史感。图以说文，文以点图，图文并茂，相得益彰。努力使这套丛书更加精美悦目，引人入胜，百看不厌。

　　卷帙浩繁的史料，是丛书得以成书的坚实可靠的基础。但由于编者的编选水平和把控能力有限，丛书中难免会有一些不尽如人意的地方，敬请读者诸君批评指正。

编　者

2018 年 4 月

目录 contents

目录 contents

在交通工具十分落后的古代，广阔无垠的草原、干旱缺水的沙漠、飞沙走石的戈壁，阻隔了人类文化的交流往来。是骆驼走出了"丝绸之路"、瓷器之路、"茶叶之路"，使农耕文明与游牧文明相互交融，使东方文明与西方文明相互传播。

在我国北方浩瀚的戈壁、广袤的沙漠和茫茫无际的草原上，生活着一种不畏艰险、吃苦耐劳又充满灵性的动物，这就是被蒙古族同胞称之为"苍天的神羔，生命的恩泽"的骆驼。

据考证，骆驼的祖先是由距今约5000万年前的北美洲野骆驼进化而来，大约在300万年前，开始进入欧亚大陆。北美洲野骆驼进入欧亚大陆后，依其习性特征，自然定居在蒙古高原、黄河流域以及西北以阿拉善为中心的荒漠戈壁。

"家驼生塞北河西……其种大抵出塞外。"有大量史料证明，

至少在公元前四五千年，我国北方游牧民族就已经把骆驼驯化。在远古岩画中，有许多双峰驼、单峰驼的形象。先秦古籍《逸周书》记载："伊尹为县令，正北空同、大夏、莎车、匈奴、楼烦、月氏诸国，以骆驼、野马……为献"。这表明在商代初期，北方游牧民族就已经开始将骆驼视为珍稀动物向中原王朝进献。

骆驼在古代又称"橐驼"。它的外形独特，背上生长着小山一般的驼峰，是其他动物所没有的，它的外貌特征集十二属相于一身，自古以来就被游牧民族视作"天赐神物""吉祥之物"。《史记·匈奴列传》中记载："唐虞以上，有山戎、猃狁、荤粥，居于北蛮，随着牧而转移。其畜之所多则马、牛、羊，其奇畜则橐驼"。

在长期生产和生活的实践中，骆驼在为人类做出卓越贡献的同时，也成为人类最忠实的朋友和伙伴。人们崇尚骆驼的忠诚友善和吃苦耐劳精神，历来视其为珍贵之奇畜。远古时期的牧驼人就把最好的骆驼挑选出来，敬献给天地、山神，不使用、不宰杀，终身供养。

东汉时期，洛阳宫门外设置三峰长一丈，高一丈的铜制骆驼雕像，为其树碑立传。随着"丝绸之路"开通，"愿借明驼千里足""应

驮白练到安西""骆驼衔尾出阳关"的盛况出现,骆驼的作用无以替代,对人类的贡献是极大的。2001年,在位于陕西咸阳的汉平陵(西汉昭帝墓)2号坑内,发掘出陪葬的大畜骨骼,其中骆驼33峰,这是关中乃至中原地区到目前为止所发现的年代最早的骆驼。同时,在3号坑内发现了一乘比例缩小的木骆驼驾车,有骆驼4峰,都是双峰驼,驼身上还有与驾车相关的铜饰,这也是我国早在西汉就有骆驼驾车的实物例证。

在交通工具十分落后的古代,广阔无垠的草原、干旱缺水的沙漠、飞沙走石的戈壁,阻隔了人类文化的交流往来。是骆驼走出了"丝绸之路"、瓷器之路、"茶叶之路",使农耕文明与游牧文明相互交融,使东方文明与西方文明相互传播。

在西汉时期张骞出使西域之后,汉朝的使者、商人便接踵西行,成群结队的骆驼和马,驮载大量的丝绸和其他货物,运往西域、西亚,再转运到欧洲,这就是历史上著名的"丝绸之路"。西域、西亚的使者、商人也纷纷东来，用骆驼和马向中国内地驮来了当地的特产和奇珍异宝。驼队行进中那叮咚作响的悦耳驼铃，既能扫除长途跋涉中的寂寞，又使驼工们随时掌握自己的驼队是否完整。

隋唐两代是继秦汉之后我国历史上又一大规模的统一时期。特别是唐代，随着社会的安定和经济的繁荣，通往中亚和欧洲的"丝绸之路"重新开通，一支支驼队往返于漫漫征途。直到宋、金、辽时期，北方的养驼业仍在发展。

蒙古族建立的元朝，结束了我国 300 年来多政权并立的历史。

疆域的空前广阔，元上都、大都通往国内各地和西亚以及欧洲驿站的开辟，促进养驼和驼运业的进一步发展。

"隆冬，一整个月的时间，他们随着贩茶的商队前进。日复一日，温度都在华氏零下二十度徘徊，强劲的西北风迎面扑来，尖锐如刀，冷彻心肺、筋骨，几乎无法忍耐。但是，他们却可以在骆驼背上一口气骑个十五个小时，完全不睬齿缝间窜进的寒气。铁打的人才禁得住这一切，但是，蒙古人却能在寒冬中往返四次，行程长达三千英里。 就是靠这支凛然无惧的商队，成吉思汗才能有效地组织中古时代最可怕的战争机器。"（提姆·谢韦伦《寻找成吉思汗》）

清朝是我国少数民族建立的最后一个大一统的封建王朝。在清朝统一全国的战争中，征用了大批的驼队为军队运送粮食、机械等多种军用物资。后来归化城里的著名商号"大盛魁"的创始人，就是在为清军服杂役、拉骆驼后才渐渐起家的。

清朝统一全国后，随着辽阔的疆域和社会秩序的稳定，以及内地商人到蒙古草原经商政策的放宽，蒙古草原对内地商品的需求激增，促使养驼业和驼运业又一次繁荣起来。当年的归化城（今呼和浩特旧城），很快发展成商贾如云、店铺林立的重要商埠。其中骆驼逾16万峰，时人称之为"万驼之城"。这里的商贸不仅通往漠北、漠西蒙古，还远达中亚、俄罗斯以及欧洲其他国家。由于以输出茶叶为大宗，驼运道路又被称为"茶叶

之路"。

20 世纪以来，由于现代交通工具的不断出现和改进，加上草原、沙漠、戈壁上铁路、公路和航线的开通，驼运业不可避免地衰落下来。改革开放以后，由于市场经济的发展以及草场的缩小，以草定畜政策的实施，养驼数量也在下降。但是，骆驼在数千年的历史进程中为我国边疆与内地，为东方与西方商贸、文化交流所作出的巨大贡献，是不可磨灭的。

即使在21世纪的今天，骆驼仍然有着用武之地。在草原、沙漠、戈壁的深处，一些辅助性的短途运输和日常生活，仍离不开骆驼；在我国北部边疆和西部的一些边境地带，边防部队仍需要骑乘骆驼进行巡逻和运送军用物资；在草原、沙漠、戈壁上的一些旅游景点，骑乘着骆驼在起伏的沙丘中漫步，也给无数外地游客带来许多新鲜快乐的感受。

故事链接：

骆驼的由来

传说在古时候，有两个兄弟，一个叫骆，一个叫驼。都是草原上的勇士，一天，草原上来了一个怪兽，神通广大，张口一吹，草原就都变成了黄沙，大家都吓得躲了起来。骆和驼决定消灭这头怪兽，为草原牧人们造福。他们找到了草原上最有学问的长者，向他请教有什么好的办法把怪兽除掉。

　　长者告诉兄弟二人说："遥远的北方有一头神兽，找到它，就可以打败怪兽。"

　　骆驼兄弟听了之后，决定去试一试。他们翻过99座山头，越过99条河流，打败了拦路的99只野兽，历尽了千辛万苦，终于找到了神兽。

　　神兽住的地方很美，依山傍水，蓝蓝的天，绿绿的草，简直是世外桃源。

　　骆驼兄弟劝说神兽和他们一起走，为草原人民除害，可神兽赖着不想走，它在这里太舒服了，不想离开。兄弟俩用尽了各种办法，神兽还是不为所动，兄弟俩很是着急。被逼急了的神兽也没有了耐性，直奔小河而走，"不好，它想溜了！"骆连忙拉着驼赶到小河边，盛了两桶水，递了一桶给驼。驼不知道骆葫芦里卖的是什么药，只见骆来到上游，把身上带来的酒倒进了河里。

　　神兽渴了，来到河边想喝水，闻到异味，就不喝了。兄弟俩想：不信你永远不喝水。果然，神兽要发怒了，在原地直打转。骆舀了一瓢水给神兽，神兽喝完了，还想喝，兄弟俩于是把他们的来意再次告诉神兽，请它去帮忙。神兽看着桶里的水，只好答应了他们。他们胳膊上挎着水桶，骑到神兽的背上，飞到了故乡。

　　怪兽看到神兽来了，凶相毕露，双方斗起法来，这一斗正如孙悟空遇到了二郎神，双方是各显神通，但最终怪兽还是没有占到上风。怪兽急了，使出看家本事，吹起了风沙，想要吞没神兽。只见天地间飞沙走石、天昏地暗，神兽以静制动，闭上了眼睛，任它怎么吹都纹丝不动。怪兽害怕神兽反扑过来，所以不敢停下来，一连吹了七天七夜，最后累死了。

　　人们非常感谢骆驼两兄弟，也非常感谢这只神兽。为了让世人永远记住他们，就用兄弟俩的名字给神兽命名，从此它的后代们就被称为骆驼，因为它们不怕风沙，能在沙漠中行走，所以人们又称它们为"沙漠之舟"。

人与骆驼一家亲

02

　　骆驼不仅任劳任怨，用途多样，更为难能可贵的是忠于主人，善解人意，充满灵性。

　　数千年的历史长河中，蒙古族人世世代代在草原上生存，马和骆驼是须臾不可或缺的亲密伙伴，时刻伴随着自己左右。蒙古族人养马是为了提速；养牛是为了提供营养；养羊是为了储存食物；而养骆驼，是将骑乘、驮载合二为一。所以说，蒙古人与马、骆驼的关系，就像自己的孩子、亲人一样。

　　骆驼虽然体型高大，外形独特，但性情温和，心地善良，而且乘、挽、驮兼用。

　　作为骑乘，那高耸的双峰，就是天然的保护屏障，人坐在双峰间，犹如摇篮一般，而且可以连续用来骑乘，不用专门准备草料；挽用，可拉车、拉轿、拉磨等，拉的车可装八九百斤的货物；用来驮轿，前后两峰骆驼间搭住轿杆，不仅驮得稳，而且适于长途行走；用来驮运货物，可载三四百斤，日行百里，一

周不给水草仍行动自如。别的家畜都视为畏途的沙漠戈壁，骆驼却不畏艰险，负重致远。

骆驼不仅任劳任怨，用途多样，更为难能可贵的是忠于主人，善解人意，充满灵性。当主人需要骑乘或装卸捆绑货物时，它会迅速卧下来以降低高度；当主人在大雾天或夜间迷失方向时，它会把主人带回家或带到有人之处；当远嫁的姑娘骑上驼背告别父母时，它也会流下依依不舍的眼泪；当它行将离世时，会尽力走到最远，在人迹罕至的地方结束自己的生命，而不让主人看到自己临终前的惨状。

骆驼在忠实地为人类役用的同时，还出产毛、绒、奶等。骆驼的寿命长达三四十年，骆驼一年能剪七八斤驼毛，驼毛和驼绒都是相对稀缺的动物纤维，特别是驼绒纤维长、强度大、色泽好、回弹性高。驼毛、驼绒制品具有防潮、保湿、防蛀、轻便、易清洗等特点，对风湿性关节炎、胃寒、腰腿痛都有预防保健作用。

母驼怀胎13个月，三四岁即可成年。驼奶营养丰富，易于消化。母驼产奶期14个月，日产2—3斤，整个奶期产奶量达1000—1200斤。据记载，驼奶还具有治疗腹胀、腹肿、虫疾、水肿、痔疮等疗效。

骆驼通人性，记忆力很好。在过去，蒙古人不管生前贵贱，去世以后都是用骆驼陪葬。陪葬时，一定要让小骆驼看着父母与人一起被埋进去。埋上以后，马和羊将整个墓坑踏平。在这个过程中，人们一直唱着哀乐，拉着马头琴。蒙古人的习俗，是死后不占用土地，生

于草原，死后又归还于草原。符合自然的规律，天人合一，物我一体。埋葬完祖先后，牧民就离开了这片区域，到其他地方放牧。来年，墓地上将会长出一片茂盛的草来。由于草原广阔，牧民一般很难找到先人埋葬的地方。这时，只要再拉起马头琴，曾在一年前看着父母殉葬的小骆驼就会伴随着马头琴声，踏着原来走过的路去找自己的父母。等小骆驼不走了，那就到了先人埋葬的地方了。

五畜之中，感情最丰富的是牛和骆驼。牛能哭能笑，但轻易不会表现出来。骆驼则很容易掉泪，而且骆驼爱吃糖，爱听音乐，尤其是长调民歌和蒙古语说书，听着听着就潸然泪下。

用歌声感化牲畜是蒙古人的一大发明，是一种纯朴优良的民风。有的部落想让母驼认养羔犊时，就把羔犊拴在跟前，专门请嗓子好的人给它们唱长调民歌或吹笛子，初时它们无动于衷，甚至踢咬个别仔畜。慢慢地就会安静下来，双目落泪，开始像自己的亲仔一样接纳这些羔犊。

卡尔梅克人每到母驼抛弃驼羔时，就在月亮出来的时候，让驼羔卧在门口，把母驼的缰绳挂在手指上，用蒙古族英雄史诗《江格尔》的曲调为它唱歌，唱着唱着，骆驼的双眼就会流下大滴大滴的眼泪，自动来到驼羔跟前，身体发抖，嗅着奶起驼羔来了。杜尔伯特、巴雅特等部在母驼嫌弃驼羔的时候，要把它们拴起来，请专门的说书艺人，给它们说唱《玉点母驼的白孤羔》，这是一首专门为骆驼编唱的史诗，说唱到最后时边拉胡琴边唱：

> 啊呀可怜，
>
> 扫平了仇敌，
>
> 夺得了神圣的名号。
>
> 镇压了鬼魅，
>
> 博得了英雄的称号。
>
> 成为十万峰驼群的头驼⋯⋯
>
> 这只孤独的雪白驼羔，
>
> 有过那么光荣的历史，
>
> 母驼呀母驼，
>
> 你怎么能把它不要？
>
> 啊呀可怜，
>
> 嘟嘶嘟嘶嘟嘶！
>
> ⋯⋯

对牛弹琴，为驼唱歌，历来是对某些人愚蠢行为的讥笑，但在草原上的确起到了人们意想不到的作用。牧民认为，母畜和人一样，在它的内心潜藏着一种深沉的

母爱，只要能用某种东西把这种母爱引发出来，它们就会认领自己的仔羔。他们认为单纯的音乐最能起到这种效果，能把人和畜的心灵沟通，尤其是由心地善良的母亲们来演唱效果更佳。有的人家人手不够，就在每峰母驼头前绑把胡琴，让它自己去觅食，风吹琴壳发出乐音，每每使母驼心肠软化，晚上回来掉着大滴大滴的眼泪来寻找它的驼羔。如果在它奶羔时再喂一把糖，那它就越发恋羔了。

故事链接：

寻找妈妈的小骆驼

很久很久以前，有一位王子和一个富人。富人想和王子家攀亲，所以打算送给王子一百头白骆驼。可是临到送礼的时候，他却发现只有九十九头骆驼，于是就把自己的一头白色母骆驼也放进了驼群里，而把她还在吃奶的小骆驼留在了家里，然后便赶着一百头骆驼上路了。

小骆驼到处跑，日日夜夜哭喊着找他的妈妈。给富人看家的牧马人在一个大蒙古包里布置了许多鲜花，把小骆驼放在里面。但是小骆驼仍然日夜不停地哭喊，把蒙古包都哭倒了。

蓬头垢面的小骆驼逃了出去，穿过隘口、山峰，穿过草原、荒漠，用微弱的声音喊着他的妈妈。富人家的

牧马人发现了逃跑的小骆驼，就抓起一根用虎皮做环的铁套索，骑上浅栗色马飞奔而来，追赶小骆驼。

　　牧人捉住了小骆驼，用套索拼命抽打它，并且喊道："我要把你肮脏的皮垫狗窝，用你可怜的肉款待我的牧童，我要教训教训你。"

他把小骆驼带回去，拴在一头大黑骆驼的脖子上。小骆驼依然拼命地挣扎，不停地哭喊。

大黑骆驼问："你就不能安静一会儿吗？"小骆驼向它讲了自己的遭遇。大黑骆驼很难过，说："今晚你别哭叫，让我睡个好觉，天亮前，我用牙齿咬住绳索，在石头上磨断，放你走。"

这一夜，小骆驼一声也没叫。大黑骆驼用它的大嘴咬紧绳索，用尽全身力气在石头上磨起来。天亮前，它终于使小骆驼获得了自由。

蓬头垢面的小骆驼用微弱的声音喊着，穿过隘口、山峰，穿过草原、荒漠。牧人又追了上来。就在他快要抓住小骆驼的时候，他的马突然站住了，说："我见过世上的许多孤儿，但是从没见过像这只小骆驼这么凄惨可怜的。"

说完，马说什么也不再追了，牧人毫无办法，只好眼睁睁地看着小骆驼跑掉了。

小骆驼继续向前跑，遇到了一只带着两只狼崽的母狼。

"你是什么动物？怎么这样叫呢？我要吃了你。"

小骆驼告诉它们，他是怎样和妈妈分离的，最后说："好吧，你吃了我吧。你要是从前面吃，这是我长长的美丽脖子。你要是从下面吃，这是我可爱的蹄子。你要是从上面吃，这里是我的小驼峰。你要是从边上吃，这是我瘦瘦的肋骨。如果你从后面吃，这是我的两条好看的后腿。但是你吃了我以后，我的妈妈就再也见不到我了。"

狼说："我以前见过许多孤儿，但是从没见过像你这样的。好吧！你走吧！快去找你的妈妈吧！"

就这样，母狼放过了小骆驼。

小骆驼继续寻找妈妈，穿过隘口、山峰，穿过草原、荒漠。突然，一片黑森森的密林挡住了他的路，既穿不过去，也绕不过去。小骆驼急得大喊起来，前后左右地寻找，终于找到了一块林间空地，穿过了树林。它又继续向前走。走啊，走啊，突然又被汹涌的海水挡住了去路。

小骆驼又大声叫喊起来，沿着海岸到处奔跑。突然，水中出现了一只像蒙古包一样巨大的海龟，它生气地说："你这个讨厌的小家伙！你就不能让劳累的人们安静一会儿？！"

小骆驼讲了自己的经历。大海龟很同情它，把它背过了大海。

蓬头垢面的小骆驼又用微弱的声音喊着，再次穿山越岭，走过荒原和沙漠。终于，他听到远处传来了妈妈的呼唤。骆驼妈妈也听到了小骆驼呼唤她的声音。富人担心骆驼妈妈逃跑，就把骆驼妈妈关在铁屋里，还派了守卫把屋子团团围住。但是，骆驼妈妈踢破了铁屋的墙，逃出了守卫们的看守，终于找到了她的孩子。

小骆驼终于找到了妈妈，又喝到了她甜蜜的乳汁。后来，一位好心的牧人收留了它们，从此，过上了无忧无虑的日子。

03

骆驼的驯养要趁早

骆驼能在一周之内不吃不喝照样在沙漠行走，故以"沙漠之舟"的美誉给人们留下深刻的印象。

　　情感丰富的骆驼是戈壁荒漠上人类的最好伴侣，当它拉着车，负载着蒙古包和全部家当四处转场的时候，它带给戈壁牧人的感受就是家园和归所；当驼夫把身家性命放在骆驼背上走向漫漫驼道，而终点遥遥无期的时候，骆驼就是他生死相依的兄弟；当孩子喝着驼奶长大，当醉酒的蒙古汉子在驼背上暖暖酣眠，而忠心的坐骑把他带回家的时候，骆驼早就成为家庭的一员。

　　草原上的牧民遇到婚丧嫁娶、生老病死的人生大事，就更需要骆驼的陪伴。例如婚嫁的时候，人们最喜欢用珍贵的白骆驼来

迎娶新人，而新娘子的嫁妆的多少，也是用多少峰骆驼驮运来计算的。长者离世之后，驮载遗体的往往是逝者生前最喜欢的骆驼，这时驼峰上会固定一个特制的架子，假如遗体在中途从驼峰上掉落下来，人们会认为这里就是亡者自己选定的长眠之地。

骆驼能在一周之内不吃不喝照样在沙漠行走，故以"沙漠之舟"的美誉给人们留下深刻的印象。骆驼可以负载三四百斤，是沙漠和草原上最好的交通工具。牧民不仅用驼车长途运输，还骑着它寻找失散的牲畜，把迷路的牲畜追回来。

在戈壁旷野里，快马都追不上的野马，骆驼却能一口气追下去，不给它喘息的机会，直到它筋疲力尽乖乖就擒为止，而这时的骆驼还能继续奔跑如常。

骆驼虽然性情温和，但也需要从小调教。骆驼的弱点在鼻子上。骆驼鼻子下面有个地方，长着针茅似的绒毛，这就是穿鼻子的地方。天生的空穴位置，也不知道是漫漫历史长河中的哪位高人发现的。

役使骆驼同役使其他家畜一样，也要整备相应的器具。蒙古族发明制作了一整套样式独特、别具一格的驼具。其原料大多就地取材，以皮毛、木材为主，主要分为绳类、驼鞍和驼架。当驼羔生下来七天之后，牧民就给它带上笼头，还用拴绳拴住，以防止野性难驯。

　　骆驼在两三岁的时候就要上鼻拘，太大了就不好驯服了。鼻子上穿了鼻拘以后就很容易驯服了。鼻拘所用的材质是由木质坚硬的红柳、鼠李削成，一头带杈的最好，如果没杈，也要削成一个疙瘩，以便穿入骆驼鼻子以后，一面可以卡住。另一头必须是尖的，以便从鼻子上扎眼儿穿出来。尖的这头靠里边一点，再削皮刻出一个浅壕，在上面拴上驼缰，以便牵引。穿鼻拘的时候，可以用鼻拘削尖的一头直接穿刺，也可以用一个略粗的竹扦把鼻子扎通，再把鼻拘穿入。

　　骆驼在一岁的时候，拴住腿戴上笼头就很容易驯服。如果三岁时牵驯，就要穿上鼻拘，戴上笼头，练在驯练出来的成年骆驼后面，一个人在前面牵着，另一个人从后面驱赶。要小心它突然站住、后退或发脾气，以至把鼻孔豁穿，把鼻拘掉出来。

　　所有的骆驼都要进行卧倒训练，方法是先用绳子把它的前腿拴住，从脊梁上架过去使劲一揪，骆驼前腿吃不上劲，用劲一掣或一推，就能跪倒，或用绳子把两条后腿的小腿缠住，一拉也能让它卧倒。不论采用哪种办法，都要手执驼缰，把骆驼的头向下按，同时口中喊着："苏格苏格"，以配合动作让其跪倒。跪惯以后，

只要把它的头向里按一按，轻轻掣动缰绳，说声"苏格苏格"，它就能自动卧倒。

让骆驼卧倒以后，轻轻压着驼缰绳，骑上去以后，再慢慢把驼缰松开，让骆驼站立起来。如果不这样训练，骆驼就会养成猛起的习惯。站起来以后，顺着它愿去的方向，控制鼻拘或左或右地进行，不要过分催促，也不能击打头部。最好跟在骑驼人后面，轻轻掣动缰绳，这样最易驯服。骆驼在看见其他牲畜准备卧倒时，你要赶紧打着它朝一边快跑。如果让它卧下你再下来牵它，以后一看见畜群它就不想走了。一般骆驼你想下去比较容易：勒缰站住，从脖子上溜下来，或从背上下来。驯出来的骆驼，也可以从脖子上爬上去。骆驼腰硬，骑起来不如骑马舒服。但是十分暖和，

驼背上的往事多

05

"嗡咚、嗡咚"的驼铃声回响在"丝绸之路""茶叶之路"上，也回响在阿拉善的盐路上。

"石质的平原上，遍布细石，尖锐粗粝，间或点缀着馒头状的沙丘、成块的青草以及被沙尘染得半黄半绿的灌木丛，绵延到天边。骆驼开始褪毛，卸下一身沉重的冬装，露出来的皮肤与大象或是水牛的肤色与肌理颇为相似。孩子手上拿着悬着一根细绳的长竿子权充牧鞭。有时，孩子会如飞鸟般扑到一头小马背上，把迷路的骆驼赶回群落里。"（提姆·谢韦伦《寻找成吉思汗》）

驼背上的"丝绸之路"早已为人们所熟知，在古老的丝路上，居延遗址如散落的珍珠。到了清代，随着中蒙俄之间的贸易发展，骆驼们在草原和荒漠上又走出了一条繁荣了二百多年的"茶叶之路"。作为"茶叶之路"的支脉，阿拉善具有特殊的重要性。阿拉善曾是中原通往西域的必经之路。穿过额济纳地界，就要直插阿尔泰山

北麓，再继续向北到达喀尔喀西部城市乌里雅苏台，再住西就是科布多，从科布多翻越阿尔泰山可以进入新疆，从乌里雅苏台和科布多向西北方向穿越萨彦岭，就到达了俄罗斯。20世纪北边的商道全部断绝，但是，西边从阿拉善通往新疆的驼道，却一直延续到20世纪50年代。

夹杂着各种养分的"茶叶之路"，就像是一条漫长的河流，它所流过的村镇发展起来，逐渐变成繁荣的城市。在阿拉善境内，现今的阿盟首府所在地巴彦浩特，就是在"茶叶之路"的滋润下萌生、发育的，不过那时它的名字叫作"定远营"。居住在定远营的阿拉善王爷们，依照北京的宫殿样式来建造自己的府邸，一

时之间，牧民们惊羡地把这里叫做"漠北小北京"。

驼道上的骆驼忠心耿耿、至死不渝。每当沙尘暴来袭，骆驼们会用蹄子和嘴拱出一个大坑让主人躲避，它则侧卧在坑边挡住漫天黄沙；当驼夫粮食断绝、饥渴难耐之际，会在骆驼身上割开一个小口，吸点血延续生命，而骆驼则会忍痛配合主人……

"嗡咚、嗡咚"的驼铃声回响在"丝绸之路""茶叶之路"上，也回响在阿拉善的盐路上。如今，曾亲眼见证过"茶叶之路"的人们都已不在人世，阿拉善老人们记忆里的驼队，大多是对盐路的回忆。每逢盐运期至，无数的骆驼就会从四面八方云集在阿拉善的四大盐池，人喊驼鸣一派繁忙。

据《阿拉善往事》一书记载：1955 年到 1958 年期间，阿拉

善四大盐池年均运盐 25 万余吨，每年需要 170 万个驼运峰次。若每峰骆驼参加运输 15 趟计算，每年投入盐运的骆驼就需要 11 万峰。

1711 年初，土尔扈特人从伏尔加流域万里东归，这个英雄的故事传唱至今。鲜为人知的是，如今居住在额济纳的土尔扈特人其实就是东归的先驱。《阿拉善往事》一书中记载：阿喇布珠尔本是土尔扈特汗国的"皇亲国戚"，1698 年他带着家人、军队和大批属民，从俄国出发去西藏熬茶礼佛，在西藏住了 5 年后计划返回，却因为战事纠纷道路受阻。于是，阿喇布珠尔臣服于康熙并被封为固山贝子，开始游牧于嘉峪关外，并成为额济纳土尔扈特部的世祖。

骆驼曾和土尔扈特人一起走过万里归路，也曾陪着左宗棠收复新疆。公元 1864 年，新疆陷入了 12 年的内乱；1875 年 4 月，左宗棠收复新疆前，让侍郎袁宝恒抵达宁夏，筹措大军所需粮草。袁宝恒在阿拉善地区设立粮台，雇用阿拉善骆驼把宁夏

等地筹措的粮草和战略物资，源源不断地运送到新疆地区，为左宗棠的大军平叛提供了强有力的保障。

额济纳旗达来呼布镇西南150公里的东风航天城，是中国人实现飞天梦的圣地，中国第一枚近程导弹、中程导弹，第一颗人造卫星、返回式卫星，第一艘载人航天飞船，以及包括神九在内的一系列航天飞船，都是在这里从辽阔的戈壁飞向更辽阔的宇宙。中华人民共和国航天事业艰辛的起步，从最初的选址、勘探到人员和物资的运输，都是在驼峰上完成的。

现今，在阿拉善戈壁深处的乌力吉哨所，还有着最后的也是目前全国唯一的一支驼骑兵，每匹军驼的臀部都印着五角星，它们有独立的档案，定号管理、定人使用。在阿拉善的边境线上，因为特殊的地理环境，性能再好的汽车开进去也相当危险。但是有了军驼坚实的后背，边防官兵就可以自由驰骋在祖国的边防线上。

故事链接：

骆驼与狼

在广袤的沙漠或者草原，骆驼的天敌只有狼。狼一向以凶残著称，它用牙齿作武器，征战厮杀，获取食物。在这一点上，骆驼肯定不是狼的对手。不过，骆驼却有另一手——它的生存手段不是进攻，而是逃跑。每当骆驼与狼相遇，狼总是急切地发起进攻，企图速战速决。而骆驼却从不仓促应战，常常是吼叫一声，便撒开四蹄狂奔起来。狼哪里肯放弃就要到嘴的美味，便拼命追赶。它没有料到，这一追就恰巧中了骆驼的计，狼必死无疑。

一开始的奔跑速度，骆驼当然不如狼，但跑着跑着，狼就慢下来了。骆驼见状就会主动放慢速度，给狼一点鼓励，一点希望。狼果然中计，继续用力追赶，骆驼就继续逃跑，一副精疲力竭的样子，实际上真正精疲力竭的是狼。

骆驼会一点一点地把狼引向无水无食无生命的大漠深处……

狼用完最后一点力气，四肢发软，口吐白沫，便呜呼毙命了。而此刻，骆驼的力气还足着呢。就这样，骆驼打败了自己的天敌。

"马太效应"说，强者恒强，弱者恒弱。

骆驼是食草动物，狼则是食肉动物。初听上去，作为弱者的骆驼打败作为强者的狼，似乎是天方夜谭。事实上弱者是可以打败强者的。其实，骆驼不是把狼打垮的，而是用耐力和智慧把狼拖垮的。在这一点上，骆驼把自己的优势发挥到了极致，扬长避短，最终取得了胜利。坚持到最后，所有的不利因素全部消失，一举改变最初被动挨打的局面，骆驼成为胜者，成为强者。

狼的贪婪本性害了自己，而骆驼正是利用狼的贪婪本性救了自己。由此可见，狼是被它自己打败的。人也一样，一个人最难战胜的，是他自己。所以，中国有句古话：有容乃大，无欲则刚。要打破"马太效应"，反败为胜，就是要以自己的优势击败对手，让自己成为强者。

在具体方法上，骆驼用的是耐力和智慧。除此之外，还有坚忍、勇气、忠诚、力量、坚持、计谋……一切皆可为我所用，一切皆能走向最终的胜利。

驼蹄下的茶叶路

06

　　它们的神秘吸引力，至今仍然在散发着诱人的光芒，使昔日的荒漠古道，成为最为吸引人的旅游热线。

　　"茶叶之路"，是继举世闻名的"丝绸之路"衰落之后，在欧亚大陆上兴起的又一条新的国际商路。作为一条商路，虽然说在它开辟的时间上，要晚于"丝绸之路"一千几百年，然而就其经济意义和巨大的商品负载量来说，却是"丝绸之路"无法比拟的。

　　从1692年彼得大帝向北京派出第一支商队算起，到1905年西伯利亚大铁路通车，这条商路繁荣热闹了整整二百多年。在长

达两个多世纪的漫长岁月中，中俄两国的商人将以中国茶叶为主
的各种货物运到对方的国度去。数量之大、范围之广前所未有，
毫无疑问，这种长时间、大规模的商品交流活动，对于双方的社
会进步、经济发展都起到了极大的推动作用；尤其是对尚处在蒙
昧阶段的西伯利亚广大地区，这种作用更是至关重要的甚至是决
定性的。

一直以来，"茶叶之路"都未能引起史学界、经济学界应有
的重视。尤其是国内，在几十年的时间里几乎无人问津，这不得
不说是我们的一个悲哀。今天当我们来谈论"茶叶之路"的时候，
必须将她放置于世界近代史和欧亚大陆广阔的时空背景之下加以
考察和研究。否则，我们就难以认清她的真正面目，甚至会误以
为她只不过是一条远离我们这个时代的商人们，在骆驼的背上偶
尔穿越的一条荒僻小道。

众所周知，"丝绸之路"对于联结"黄河文化""恒河文化""古
希腊文化"和"波斯文化"，都曾起到十分重要的历史作用，但
是，我们进一步加以考察就会发现，""从来都不属于一条畅通
无阻的通道，由于战争的原因，由于兵荒匪乱的猖獗，这条通道

时断时续，只有极少数富于牺牲精神和冒险精神的人，才敢于骑在驼背上穿越这条道路，要么就是受国家委派的阵容庞大的团队，配有强大武装力量的保护。早期的"丝绸之路"，并没有什么明确的政治、军事或经济目的。

随着时间的推移，虽说是"丝绸之路"所负载的商业内容也变得越来越多，但是客观地说，它始终是处在一种不稳定、不规范和缺乏管理的原始自然状态。这种原始状态，表现在它既没有相对稳定的商业组织，更没有固定的从业人员，当然，也没有长期明确和稳定的交易市场和交易时间，这一切都说明，发生在"丝绸之路"上的商业行为，表现出的是强烈的随意性。这中间所体现出来的，更多的是文化方面的内容。

通过"丝绸之路"，西方得到了中国的丝绸、瓷器等重要的生活、生产用品，而中国在科技方面的四大发明，像火药、造纸术、指南针和印刷术等世界领先的科技成果的西传，对于整个欧洲的进步和发展，都起到了革命性的推动作用。这个渐进的过程时间之长，超过了一个世纪。许多世纪之后，欧洲人正是使用火药、火枪、火炮，把中国人手中的大刀、长矛这类冷兵器打得落花流水，给我们留下了难以磨灭的沉痛印象。这种结果，恐怕是当年派玄奘出使西域的唐太宗及其朝臣们做梦也没有想到的。

而玄奘从西域带回来的是整箱整箱的佛教经典，是一种来自异域的陌生宗教和新鲜玄妙的哲学思想。反过来，这种宗教又对以后一千多年间的东方古国，产生了极为深远的影响，至今，在我国的各个社会领域，都不难看到它的痕迹。

"丝绸之路"的这种传奇性和神秘性，因此被烙上了鲜明的浪漫主义色彩。不管是在历史的漫长年代里还是在今天，也不管

是在东方的中国还是欧洲诸国乃至遥远的美洲，人类生存的这个星球上，几乎没有人不知道连接欧亚大陆的神奇古道——"丝绸之路"；至今当人们谈论起"丝绸之路"的时候，深深吸引他们的，仍然是异域的风情和古道上的漫漫黄沙，长长的驼队以及辽远悠长的驼铃声声，还有洞窟、壁画和千年的经卷。

它们的神秘吸引力，至今仍然在散发着诱人的光芒，使昔日的荒漠古道，成为最为吸引人的旅游热线。这种吸引历经几个世纪而不衰，这也从另一个角度，证明了"丝绸之路"所蕴含着的巨大文化意义。

但是"茶叶之路"就不同了，这条在近代才出现在欧亚大陆上的国际商路，从它开辟的第一天起，就是出于一个十分明确的经济目的——国际贸易。而且它是出于有组织的政府行为，尽管这种政府行为一方积极主动，一方消极被动。这是一种打上了浓厚政治烙印的经济行为，它被严格地限定在了规定的地点、时间内进行。

　　它的商业运作由贸易双方相当稳定的组织来把持，并且双方的政府机构对此有严格的税收管理。就是说"茶叶之路"是近代商品经济催化下的直接产物。它与两千多年前出现的"丝绸之路"存在着某种本质的区别。或许可以这样说：汉唐以来以长安为枢纽通往欧洲的"丝绸之路"，由于它的悠久的历史和巨大的文化、政治影响而充满了绚丽的浪漫主义情调；而在17世纪末，我国清代（康熙早期）在世界上最大的陆地欧亚大陆上兴起的"茶叶之路"，则自始至终洋溢着可贵的现实主义精神。

07

正是由于无数驼倌年复一年奔波于商途，才使得像"大盛魁"这样的商号获得了丰厚的利润，积累了雄厚的资本，称雄于当时的茶路商界。

　　南临黄河、北靠阴山、矗立于土默川平原之上的归化城（今呼和浩特），自明万历三年（1575）建成起，就是内蒙古西部地区的政治、宗教中心和军事重镇，也是蒙明通关的主要场所和重要的商埠。到了清代，归化城的地位更加重要。城内既驻有统辖

军政、屏藩朔漠的安北将军（1739年移驻在归化城东北五里处新建的绥远城，改称绥远将军），又驻有管理土默特左、右翼两旗的都统衙门（后改为副都统衙门），乾隆初年设归绥道，隶属山西省，下辖归化城理事同知厅等数厅（相当于县），专管日趋增多的汉、回等族事务。

如果你向当今年轻的呼和浩特人打听，恐怕很少还会有人知道，归化城在历史上曾经是著名的"茶叶之路"的东方起始点，一座名播四海的商城，一座颇具特色的万驼之城。

据可考的文字记载，清代的归化城拥有骆驼最多的时候数达16万峰之巨。生活在现在的人们始终无法想象，当年活动着十数万峰骆驼的归化城，会是一番怎样的热闹和奇异景象，那时候还被叫作归化城的呼和浩特市，正处在形如海棠叶的大清版图的中心位置，一个八方通衢的地方；她为巨龙般腾跃而过的黄河做出了中下游分界的标记，活像跨在巨龙背上的骑士。这里聚集着数以百计的商家，是专事对俄蒙贸易的中国通司商人的大本营，是对俄贸易的重要商业桥头堡。

与归化城相对应的城市，俄国方面是坐落在贝加尔湖岸边的

西伯利亚重镇伊尔库茨克。那里是专事对华贸易的俄国商人的聚集地，归化城—伊尔库茨克，这是在"茶叶之路"上赫然矗立的两座桥头堡。

"茶叶之路"准确的地理含义，它的东方的起始应该从产茶的江南诸省算起，而它的西方终点便是欧洲的历史名城莫斯科。以茶叶为之命名，其实茶叶只是大宗，其他的百货像丝绸、药材、干果、皮毛等种类也十分繁多，数量亦是非常庞大。这些货物的来源遍布大半个中国。同样的，俄国的轻纺织品、皮毛、粮食和其他的日用百货，也是沿着这条网络流到中国的广大市场的，这是一种互为市场的关系，而地处黄河中游的归化城，就成了以茶叶为最大宗的，各种中国货物和俄国货物的集散地。中原的货物运到归化来，靠的是车和船。从归化再往北，面对一望无际的草

原、沙漠，无论什么样的车和船全都不中用了，就唯赖骆驼这种传统可靠的运输工具了。所有的货物到了归化一律改由骆驼载运。由骆驼组成的驼队把这些货物送到蒙古高原、西伯利亚以及俄罗斯等欧洲其他国家。

大家都知道，归化城从明代起，便以藏传佛教在整个蒙古高原的中心地位而名播四方，至清代，这座塞上的历史名城就转而以驼城、商城闻名天下了。同时，这里还是当时北方最大的牲畜输出基地和肉食加工基地，号称"日宰万牲"。

如今，所有这些除了留在老年人的记忆中，大都旧迹难寻了。如今的呼和浩特是一座现代化形态的城市，到处都是新建起的高楼大厦，新事物掩盖了陈迹，在这座昔日的驼城里，你只有用心寻找才能偶尔发现有几峰骆驼游弋在城区的某些角落，高大健壮的骆驼们披红挂绿的被主人牵着在一些风景点上，供游人骑在背上照相取乐。它们成为这座昔日驼城中活的饰物。在这座曾经真正的驼城的城市里，它们显得那么孤独和可怜，完全是一副英雄末路、虎落平阳的悲情模样。昔日的英雄骆驼如今的落魄模样，似乎成了这种特殊的痛苦历史阶段的悲剧象征。它们的存在除了为历史做了一个注脚之外，还会引起人们的某些联想。

在将近300年间，"旅蒙商"驼队在蒙古高原广袤的荒野上，在西伯利亚寒冷的大地上，踏出了一条条充满艰辛的通商道路，载着中国的茶叶、瓷器和丝绸、布匹的庞大驼队从草原走过，运银锭的牛车和官方派出的外交使团的身影从草原经过，强盗们的暗影像幽灵似的闪过……俄罗斯商人、中国商人、阿拉伯商人，官方的、私家的商行，各种各样的角色竞相登场亮相，在欧亚草原戈壁广袤的舞台上演出了一幕幕生动的历史悲喜剧。由于凝聚了太多草原的、民族的、国际的和多元的色彩和音符，"旅蒙商"在草原上的故事以及在西伯利亚的故事，比起"乔家大院"在山西的故事，要生动和丰富许多。

这些商路，要穿越茫茫草原、浩瀚戈壁沙漠，夏则头顶烈日，冬则餐冰饮雪。沿途还要遇到人畜缺水、土匪抢劫、官府盘剥、野兽袭击等种种意外。在蒙古高原及外国做生意，还要克服语言不通、宗教信仰和生活习惯不同等障碍。不知有多少驼倌，就在这漫漫驼路上葬送了性命，甚至尸骨无存。在归化城流传有《驼倌叹十声》的小调，唱出了驼路的艰辛和驼倌的辛酸。其中唱道：

拉骆驼，过阴山，肝肠痛断，

走山头，绕圪梁，偏要夜行。

拉骆驼，走戈壁，声声悲叹，

捉骆驼，上圈子，活要人命。

拉骆驼，走沙漠，一步一叹，

进三步，退两步，烤得眼窝生疼。

拉骆驼，步子慢，步步长叹，

谁可怜，老驼倌，九死一生。

正是由于无数驼倌年复一年奔波于商途，才使得像"大盛魁"这样的商号获得了丰厚的利润，积累了雄厚的资本，称雄于当时的茶路商界。从清初以来的几百年间，"大盛魁"和其他众多的旅蒙商，沟通了内地与蒙古高原等边疆地区的物资交流，不仅满足了民众生产生活的基本需求，而且促进了内地和边疆经济的发展。他们还把中原地区的农业种植、手工业制造等技术带到草原，促进了牧区生产的进步和草原城镇的繁荣。同时，加强了内地汉族与蒙古族和其他少数民族思想、文化方面的相互交流和了解，促进了民族之间的团结和谐。

驼运商号创业艰

08

广大牧民和清军驻军对内地商品需求的激增，促进了草原和内地之间商贸活动的发展，因此，漠南蒙古各商埠的长途运输业——驼运业也应运而生。

明末后金时期，蒙古分裂为漠南、漠北喀尔喀、漠西厄鲁特（卫拉特）三个互不统属的区域，各大区域内又分成各自为政的不同部落。漠南蒙古部落众多，主要的大部落有科尔沁、察哈尔、土默特、内喀尔喀、鄂尔多斯等，并先后归顺或内附后金和1644

年入主中原的清朝。

清初，清廷对于漠南的蒙古各部采取"分而治之"办法，一是将归顺早的24部编为6盟49札萨克旗，一是将其他部落编为总管制旗，委派都统或总管负责管理。漠北喀尔喀蒙古分为车臣汗部、土谢图汗部和札萨克图汗特、准噶尔、杜尔伯特、土尔扈特四部。清初厄鲁特蒙古和硕夺取汗位后，在沙俄的怂恿和支持下，野心膨胀，发动叛乱，先是尽行霸据厄鲁特四部，后又占领漠北喀尔喀三部。三部首领和哲布尊丹巴活佛只得率领部众南下漠南蒙古，康熙下令发放归化城、张家口、多伦淖尔等地的仓储予以救济，并临时划出部分草场妥善安置。

1690年（康熙二十九年），噶尔丹率强劲骑兵、驼兵2万余人，长驱直入，南下到距京城只有900里的乌兰布通（今赤峰市克什克腾旗境内）。在此生死攸关时刻，康熙皇帝急命各路清军

迅速集结，并御驾亲征。在乌兰布通战场，噶尔丹把叛军中一万余峰骆驼集中起来，捆扎卧地，背负木箱，蒙盖湿毡，环列为营，号称"驼城"。清军使用大量火炮攻破驼城，大获全胜，噶尔丹率残部败退漠北。第二年五月，康熙在多伦淖尔亲自主持会盟大典，漠南蒙古24部49旗和漠北喀尔喀蒙古三大汗部王公贵族参加，漠北喀尔喀蒙古各部正式归清，被编为34旗。

噶尔丹于1696年（康熙三十五年）卷土重来，纠兵东掠。康熙第二次亲征，还曾在十月驻归化城11天，在此调兵遣将，安抚民众。后清军将噶尔丹追至漠北昭莫多（今蒙古国乌兰巴托东南），双方血战结果，噶尔丹主力悉数被歼，狼狈窜回新疆，清军取得了决定性胜利。第二年，康熙第三次亲征，噶尔丹众叛亲离、走投无路，最终兵败身亡。至此，漠北蒙古和新疆平靖，喀尔喀蒙古三部返回故土。

清军平定噶尔丹的战争，路途遥远难行，所需大量粮草、军马、军用物资及官兵日用品，主要依靠征用驼队运输，而拉驼人又多为山西人。他们吃苦耐劳且头脑灵活，有的甚至学会了蒙古语、满语。在随清军行动过程中，他们一方面拉运军事物资、收集和提供军事情报，一方面沿途和蒙古民众作以物易物的买卖，逐步积累了资本，进而开设商号。如"大盛魁"创始人最早在驻防杀虎口（今山西右玉县）的费扬古部队中服杂役拉骆驼，后又随这支部队参加乌兰布通大战。战后形成了小商伙，在张家口以"吉盛堂"为堂门，初具商号雏形。几年后又随费扬古部队进入漠北蒙古，在乌

里雅苏台（今蒙古国扎布汗省省会）设立"大盛魁"商号，以后又在科布多（今蒙古国科布多省省会）、归化城设立了分号，除经商贸易外，还经办军政需品供应、王公进京纳贡值班等事务。至晚在雍正年间，总号迁到归化城。

归化城类似"大盛魁"这样发家的商号还有不少，与"大盛魁"并称为新"三大号"的"元盛德""天义德"这些商号家乡的后人，门庭上往往悬挂着"思亲总觉汾水冷，念祖常怀驼道难"的对联来缅怀先辈们创业的艰难。

　　清朝入主中原之初，对内地和蒙古高原实行严格的封禁政策。允许蒙古封建领主一年派一次贡使商队，远道跋涉到北京或张家口、归化城、多伦诺尔等指定地方进行贸易，不准平民往返长城内外互市贸易。在多伦淖尔会盟期间，漠北王公贵族就向康熙提出，放宽对内地旅蒙商人到塞北蒙古高原商贸活动的限制。康熙鉴于漠北蒙古已经归清，并为进一步笼络蒙古各部，因而"允其所请"。

　　多伦淖尔会盟后，清廷首先在漠南蒙古设立了五条驿站，并以长城处的关口命名，从东到西依次为：喜峰口、古北口、独石口、张家口、杀虎口。其中张家口驿站路一条向西到归化城，一条向西北到茂明安旗（今达尔罕茂明安联合旗）；杀虎口驿站到归化城后，一条向西北到乌拉特西公、中公、东公三公旗（今乌拉特前、

中、后三旗），一条向西南到鄂尔多斯各旗。在平定噶尔丹、漠北喀尔喀三部返回故土后，又在漠北建立了北路驿站，一条到乌里雅苏台和科布多，一条到大库伦和恰克图。这些驿站的开通，密切了京城与漠南漠北蒙古各部的政治军事联系，同时也对蒙古高原与中原内地的人员经济往来提供了极大的便利条件。

此外，清廷理藩院还向对朝廷有功劳、实力雄厚的商号，颁发允许其到蒙古高原进行商贸活动的"龙票"，也就是国家级的经商执照。据传，"龙票"是用一尺三四寸的白麻纸制面，周围印有龙纹，中间盖着御玺，上面用满、蒙古、汉三种文字记载着商号名称、经商地点、经营货物的品名、数量及有关规定条文。持有"龙票"的商号，同时可领取手铐脚镣等刑具，在蒙古经商时遇有滋事扰乱者有权铐上送其到当地王爷府予以惩处。当地王爷对"龙票"商人，也是待遇有加，不仅以高规格的礼节予以接待，而且对他们的经商活动予以保护。另一方面，清廷对持有"龙票"的商号，也有严格的规定，如不得在批准范围以外的地区经营，商人不得携带家属，不得与蒙古妇女结婚等。如有违犯，轻者处以罚金，没收货物，重者收回"龙票"，驱除蒙境，甚至处以刑罚。"至于无龙票私入蒙境者，一经查处，枷号两月，期满鞭笞四十，逐回原籍，货物一半入官。"对其他商号，发给普通票照。乾隆中期以后，票照管理权限放宽，办理手续权力进一步下放到蒙古各旗，地点和范围都没了限制。

总之，清朝平定噶尔丹叛乱的胜利，北方辽阔疆域社会的稳定，内地商人赴蒙古草原经商政策的放宽，以及蒙古族上层人物、广大牧民和清军驻军对内地商品需求的激增，促进了草原和内地之间商贸活动的发展，因此，漠南蒙古各商埠的长途运输业——

驼运业也应运而生。而归化城作为漠南蒙古的重要商埠和军事重镇，驼运业更是很快繁荣起来。

传说链接：

双合尔山的由来

在科尔沁草原南部的阿古拉镇一带，有一座双合尔山。山虽然不高，但在广袤的沙漠草原上，却好像一块巨大的岩石从天外飞来。对这座山的由来，流传着一个动人的故事。

相传很久以前，格斯尔汗率领军队追赶恶魔蟒古斯，蟒古斯仓皇向东逃窜。这一天，它逃到科尔沁草原阿古拉境地，只见身后烟尘滚滚，杀声震天，吓得它魂飞魄散。眼看就要追上了，狡猾的蟒古斯急中生智，摇身一变，成了一只野兔藏在草丛中。格斯尔汗马前的猎犬见了，狂吠着向野兔奔来。蟒古斯见势不妙，立即又化作一只山雀飞上天空。就在这时，格斯尔汗肩上的猎鹰，张开双翅扑上去，用钢钳般的利爪一下子扼住山雀的喉咙。蟒古斯现了原形，奋力挣扎着，把宝剑刺进猎鹰的胸膛，鲜血大滴大滴地洒在草原上。但猎鹰的利爪仍然死死不放，它抓着蟒古斯，盘旋了十几圈，慢慢地降落在大草原上。不久，在猎鹰降落的地方，便长出一座巨大的山峰。格斯尔汗为了纪念这只英勇的猎鹰，就命名这座山为"双合尔"（汉语即鹰）。

千百年过去了，这里渐渐地繁荣起来，蒙古族人民在双合尔山下繁衍、放牧，形成了无数小村落，牧民们过着幸福安乐的生活。

一天，大清康熙皇帝出巡路过这里。他见一望无际的大草原上兀地一座高山拔地而起，很是蹊跷，便问身边的随从，随从无人知晓。回到京城，康熙皇帝做了个梦。他梦见一只雄鹰从北方飞来，在皇宫上绕了三圈，又飞走了。康熙皇帝好生狐疑，一连几日坐卧不安，命风水先生圆梦。风水先生想了想说："恕奴才直言，皇上这个梦凶多吉少。鹰，乃英雄出世，威胁社稷，待奴才亲自去察看。"

风水先生乔装牧民来到双合尔山下，牧民告诉他这座山的名字就叫"双合尔"，就是鹰。

风水先生回到京城，立即奏明康熙皇帝，并对他说："依奴才之见，趁这只鹰尚未飞起之时，在山上修建一座白塔，将它镇住；同时在鹰头的方向，连修十五座敖包，以阻挡北来的凶气。如此，皇上便可高枕无忧了。"康熙皇帝听后大喜，命风水先生督办此事。

双合尔山下住着兄弟俩，哥哥叫乌力吉、弟弟叫巴特尔。兄弟俩能骑善射，是这一带远近闻名的好猎手，人们称他俩为"大神箭手"和"小神箭手"。风水先生来到双合尔山下，立即召集兄弟俩和牧民们，宣读了圣旨。然后威胁说："如果不修白塔和敖包，这里就会战乱四起，你们的好日子就会全都完了！"牧民们议论纷纷，有的认为修对，有的认为修不对。风水先生又拿出银两贿赂兄弟俩。哥哥很高兴，弟弟却不同意，兄弟俩争执起来。

哥哥说："草原飞来了金凤凰，牧民们才会有幸福和吉祥；双合尔山建起白塔，草原才会有太平景象。"

弟弟说："枣骝马在草原上日行千里，是因为没有缰绳的羁绊；白塔压在雄鹰的身上，我们还能自由自在吗？"

哥哥说："枣骝马配上金鞍更显得英俊无比！草原修建十五座敖包，更显得富饶美丽，弟弟你好糊涂呀！"

弟弟说："蓝天升起七彩的虹，那是美好的象征；月亮围上七彩的晕，那是灾难的来临。哥哥你好糊涂呀！"

兄弟俩争得面红耳赤，谁也不肯服谁。

倔强的兄弟俩便提出比箭，箭射掉谁的帽子，谁就为输。

哥哥知道弟弟是不会认输的。心想，为了草原的太平景象，哥哥就狠下心了，于是把箭对准了弟弟的心窝。

弟弟也知道哥哥是不会屈服的，心里想，为了草原人民的自由，弟弟就狠心了，于是也把箭对准了哥哥的心窝。

一声呐喊，两箭齐发，"当"的一声，火星飞进，两支箭撞在一起，掉在地上。兄弟俩气得暴跳如雷，异口同声地喊起来："马群不进羊群，井水不犯河水，纵然咱们不是一条心，那就你走你的阳关道，我走我的独木桥，咱们走着瞧吧！"

弟弟收拾好行装，头也不回地走了。

哥哥望着弟弟的背影，心中琢磨倔强的弟弟是不会善罢甘休的，不如让他死在路上吧。于是，他拉开圈门，放出一只公骆驼。

这头在圈里拴了好多天的骆驼，一放出去，凶猛异常，它嘴里喷着白沫，昂头挺胸，呼哧呼哧地沿着大道跑去。

　　弟弟巴特尔在大道上走着走着，忽然听到后面咚咚的响声，急忙一回头，见是自己家的大骆驼奔来。他明白了，狠心的哥哥，你要害死我呀！急忙一闪身。大骆驼扑了个空，又向巴特尔扑来，巴特尔又一闪身，大骆驼又扑了个空。一连三次，大骆驼筋疲力尽，气喘吁吁，趴在地上起不来了。巴特尔走过去，拽住骆驼的头，像拧麻绳一样拧了几个圈，然后像打草扣一样把骆驼头向它身下的草窝里一塞，大骆驼顿时没气了。

　　哥哥乌力吉坐在家里等呀等，没见公骆驼回来，他知道弟弟本领过人，一定没有如愿。于是打开圈门，又放出一只红骆驼。这是一只蛇头骆驼，它不像那只大骆驼那么笨，跑起来呼呼气喘，而是像蛇一样，把头压得低低的，悄无声息。红骆驼也沿着大道跑去。

　　天渐渐黑下来，巴特尔走得又乏又累，肚子也叽里咕噜响起来。忽觉背后一股凉风袭来，他急忙一回头，见一只凶猛的红骆驼已来到身后几步远的地方，躲闪已来不及了。就在这千钧一发的时刻，一只母骆驼出现在路边的沙坨子后面，红骆驼丢下巴特尔，向母骆驼跑去。巴特尔惊出一身冷汗。

　　巴特尔走后，乌力吉和风水先生领着牧民日夜不停地修建。没多久，一座白塔就在双合尔山上耸立起来，十五座敖包也在山前排成整齐的一条线。风水先生也乘机搜刮了一大笔民财。谁知道，第二天刚刚修建的白塔忽然间哗啦一声塌下来。风水先生和乌力吉莫明其妙，于是又日夜修建。可是，头天刚刚建成，第二天又变成一片废墟。就这样三建三塌，等白塔第四次建成后，乌力吉就悄悄地躲在白塔后面想看个究竟。

　　夜慢慢地过去了，东方刚刚泛起鱼肚白，乌力吉突然发现巴特尔在很远很远的地方拉弓搭箭，正瞄准白塔。他明白了，原来白塔三次倒塌都是被巴特尔射的。说时迟，那时快，他急忙拉开弓箭，"嗖"的一声向巴特尔射去。巴特尔的箭还没有射出，便摇摇晃晃地倒下了。

乌力吉骑上快马飞奔到弟弟巴特尔身边。巴特尔从血泊中站起来，看了乌力吉一眼，用尽全身力气，又一次把弓拉圆，射出一箭，一下子就射穿了十五个敖包。然后又取出一支箭，搭在弓上准备射向白塔。可是，他却连拉弓的力气也没有了，栽倒在血泊中。临死前，巴特尔对乌力吉说："如果你还念手足之情，就把我埋在箭落的地方吧，箭头朝向哪里，我的头就朝向哪里。"

巴特尔死了，乌力吉看到弟弟临死前的惨状，良心受到了谴责。他按照弟弟的遗嘱，找到箭落的地方，那支箭射穿了十五个敖包，箭头依然指向南方，于是就把弟弟头朝南埋在那里。那一天，牧民们扶老携幼赶来送葬，都禁不住失声痛哭。这时，人们惊异地发现，双合尔山前出现了两个水泡子，老远就可以看见那清亮的水波在灰暗的天空下熠熠闪光。人们说，那是鹰流下的两汪泪水。

从此，鹰被白塔镇住了，恶魔蟒古斯又得逞了，它施用魔法，呼风唤雨。很快，狂风掀起了滚滚黄沙，把这里草场吞没，双和尔山也被黄沙埋了半截。至今，人们只能看到孤零零的鹰头；西面二十里处和东面半里以外，各剩下一块岩石，那就是被风沙埋没的两只翅膀。但是，山前那两个水泡子却依然泪水涟涟，倒映着双合尔山和那被风雨驳蚀的白塔。

为了纪念巴特尔，人们把大骆驼死的地方叫作"希日古拉"（指巴特尔把骆驼的头向草窝一塞），把母骆驼出现的地方叫作"乌兰缨"（汉语即母骆驼）。

09

驼路上的桥头堡

来自江南水乡的海鲜特产和丝织锦缎，都源源不断地输入万里之遥的恰克图，可见当时货运之通畅，交易之兴旺。

被誉为"沙漠之舟""旱船"的骆驼，最适宜长时间、远距离的货物运输。其外形为"鼠耳、牛脊、虎爪、兔唇、龙须、蛇眼、马鬃、羊胸、猴峰、鸡凤、狗踵、猪尾"，酷似十二生肖。骆驼的优点很多，不仅体型高大，肌肉发达，嗅觉灵敏，负重量大，而且能忍饥挨渴，耐粗饲粗放，不惧严寒酷暑，善走沙漠戈壁，尤其性格温顺，善解主人意图，且忠心耿耿，因而又有义畜之美称。骆驼乘、驮兼用，日行最多可达一百二三十里，挽用时每车

可拉一千七八百斤，驮用时可载三百多斤，荒路上一周不补水草仍行动自如，而且从7岁成年后要役用30年之久。

归化城的驼运业，就是随着清初统一北方的战争而兴起，随着清中叶社会秩序的稳定和商品经济的发展而繁荣，又随着清末和民国期间时局动荡、日本侵华战争以及现代交通工具出现等多重压力而走向衰落。在此200多年间，归化城的驼运业促进了内地与蒙古高原各民族密切往来与物资交流，方便了各民族人民的生产生活，推动了农牧工商各业的发展。

归化城的地理位置重要，驼运路线也是四通八达，但主要的驼路有四条。往北到蒙古，俗称北路；往西到新疆，俗称西路；往东到北京，俗称东路；往南到太原，俗称南路。

北路主要通往乌兰巴托、恰克图、乌里雅苏台和科布多。乌兰巴托时称大库伦或大呼勒。清顺治年间，蒙古哲布尊丹巴活佛在这里建立了寺庙，成为蒙古的宗教中心。康熙在平定噶尔丹后，在库伦派驻办事大臣，成为蒙古东北部的政治中心。嘉庆年间，库伦办事大臣始节制乌里雅苏台将军，库伦又成为整个蒙古的政治中心。随着库伦地位的提高，商业贸易日渐兴旺。到清代后期，在库伦的内地商号已达400多家，俄罗斯商号50多家，形成了西库、东营两个并列商肆。从归化城到大库伦约2500里，行程

需一个半月左右。出归化城翻越大青山进入达尔罕茂明安联合旗旗（俗称百灵地），再穿越蒙古的茫茫戈壁方能到达。

恰克图又称买卖城，位于大库伦正北 800 里，当时的中俄边贸城市（今属俄、蒙两国，俄国仍称恰克图，蒙古国称阿尔丹希拉克）。特别是 1727 年（雍正五年）中俄在这里签订《恰克图界约》，规定恰克图为两国通商口岸后，这个边境小镇很快繁荣起来。道光年间曾任刑部侍郎的满族官员斌良曾写诗道：

戈壁苍茫万里途，盘车北上塞云孤。

海龙江獭鱼油锦，贸易新通恰克图。

来自江南水乡的海鲜特产和丝织锦缎，都源源不断地输入万里之遥的恰克图，可见当时货运之通畅，交易之兴旺。一些实力雄厚的商号，还派出驼队经恰克图深入俄罗斯内地进行贸易活动。

乌里雅苏台位于蒙古西部，1733 年（雍正十一年）这里始设"定边左副将军"，又称乌里雅苏台将军，统辖喀尔喀蒙古四部军事。1767 年（乾隆三十二年）筑城，成为漠北蒙古军事要塞，时称前营。相沿日久，前营成了乌里雅苏台的别称。前营在归化城的西北方向，相距 4000 余里。沿途除沙漠戈壁外，前营东南还有雪山、峡谷，道路更为艰难，一般驼队到前营单程要 3 个月。科布多又东距乌里雅苏台 1000 余里，1727 年（雍正十一年）这里始设参赞大臣，统辖阿尔泰山南北两麓厄鲁特蒙古诸部和阿尔泰、阿尔泰乌梁海两部，也是一座军事重镇，俗称后营。大盛魁在过春节时曾贴出过这样的一副对联：

戴月披星似鹏程，历尽沙漠极边路。

栉风沐雨若豹变，鸿开乌科万世基。

从这一对联中，可以看出归化城到乌里雅苏台、科布多驼路的漫长与艰难，也说明乌、科两地重要的商业地位。大盛魁在这两地设有分庄。还曾将货物远运到俄罗斯和中亚国家进行贸易。

西路是指从归化城到新疆的驼路，又分大西路和小西路，大西路是从科布多进新疆，往西1000多里是迪化（今乌鲁木齐市），从迪化再往西1000多里是伊犁。小西路是指从归化城经阿拉善、额济纳两札萨克特别旗（直属清廷理藩院管理，不设盟）到新疆哈密、古城子的驼路。西路是同治年间开辟的。光绪初年，左宗棠奉命西征时，征用了包括归化城在内的驼队用于军事运输，开辟了大西路。待军事平定，此路开始兴旺，但路线更长，支路更多。从归化城到迪化，单程就需4个月。

东路是指到北京，路线是丰镇—张家口—道口（今北京丰台），从归化城启程，20天左右可达道口。另从，张家口还有一条通往内蒙古东部的支路。驼倌们常说"西口到东口，再到喇嘛庙"，就是指归化经张家口到多伦淖尔的驼路（多伦淖尔因有康熙敕建的汇宗寺、雍正敕建的善因寺而俗称喇嘛庙）。

南路主要是指山西太原及周边地区的路线，南往和林格尔经杀虎口进入山西境内再继续南下。因在

归化城大的商号，人员多为山西籍，而且大商号在原籍一般设有分号，负责从中原和南方组织货源，从蒙古购回的活畜及肉、皮、毛等畜产品，又经这些分号往中原和南方运销。因此，南路驼队的规模虽小，但也十分繁忙。

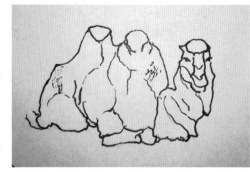

故事链接：

<h2 style="text-align:center">顽强的骆驼刺</h2>

骆驼刺是一种耐旱植物，因为茎上长着刺状的很坚硬的小绿叶，所以叫骆驼刺；又因为骆驼刺是戈壁滩和沙漠中骆驼唯一赖以生存的草，所以又名骆驼草。骆驼刺在戈壁滩、沙漠中随处可见，不论生存环境如何恶劣，这种落叶灌木都能顽强地生存下来。骆驼刺的存在与生长对于保护生态环境有着重要的意义。

传说在很久以前，沙漠中什么植物也没有，更没有动物，整个沙漠看起来死气沉沉。

于是，自然之神召集所有的植物们来商量，看看谁愿意到沙漠里去。

几乎所有的植物们都吓得要命，有的沉默不语，有的连连拒绝。只有最不起眼的骆驼刺挺身而出，说："我愿意到沙漠中安家"！

白杨树大惊："骆驼刺，你傻了吗？你不知道沙漠里的环境很糟糕吗？"

其他植物们也七嘴八舌地说："沙漠中很难见到雨水，非常干旱，还有可怕的风沙……"

"再大的困难我也不怕，我会让自己适应环境，克服困难，在沙漠中扎根成长！"骆驼刺的态度十分坚决。

于是，自然之神把骆驼刺送到了沙漠中。

果然，沙漠中除了漫漫黄沙，见不到一点儿绿色，脚下的黄沙中没有一点儿水分。这里空气干燥，阳光强烈，温度高得几乎要把骆驼刺烤干。

骆驼刺把自己的身体缩得很矮，让自己的叶子变得又小又坚硬，这样，他足以对抗强烈的阳光和干燥的空气了；同时，他把脚下的根使劲往下延伸，延伸到地下20多米，他终于可以吸收到沙漠深处的水分啦！

骆驼刺在沙漠中扎根安家，很快，一簇又一簇的骆驼刺给沙漠增添了点点绿色。以骆驼刺作为食物的骆驼也跟着来到了沙漠，因为有了骆驼刺庇荫，更多的小动物也把家搬到了沙漠中，沙漠中有了生机。

自然之神高兴地把"沙漠勇士"的桂冠戴在了骆驼刺头上。

众多的植物们都很不服气："骆驼刺长得最不起眼，我们哪一个不比他漂亮？哪一个不比他威武？为什么要把这么高的荣誉送给他？"

自然之神听到了大家的抱怨，严肃地说："面对困难，挺身而出，这份勇气，你们谁有？要不？你们也去沙漠里面试试？"

听了自然之神的话，植物们非常羞愧，统统闭上了嘴。

名副其实的万驼城

10

归化城大的商号，都有自己的领房人。也有的是自由领房人，临时被商号雇请。

当年归化城大的商号都自养着骆驼，其养驼数量占了归化城的大头，并自开驼运店。史载，归化城驼业兴盛时走蒙古的有骆驼 14 万峰，走新疆的骆驼 4 万峰，可谓名副其实的"万驼之城"。

如大盛魁商号盛时养驼至少 2 万峰。其中在百灵地靠近大营路的地方，养着 2000 多峰骆驼；在乌里雅苏台分庄的驼场，养驼少的时候 1500 峰以上，多的时候超过 3000 峰。科多布分庄驼场，经常养有 5000 峰。此外，在大北路沿途各旗众多的梢子（汉

语庄子之意）中，也有属于大盛魁的骆驼。大盛魁长期雇有大量的驼倌饲养骆驼，量多点广，沿路随时可以补充顶替，所以，它的骆驼是换驼不换人，一般驼队从归化城到前营单程3个月，它的驼队只用2个月。

归化城汉回等各族人民，也加入到养驼行列中。规模大的驼户，有数百甚至上千峰；规模中等的，有数十峰；也有养三五峰的小驼户。大体上是汉民驼户少，每户养驼多；回民驼户多，每户养驼少。他们根据驼数量多少，组成大小不等的驼运店，自办短途运输或被雇用。

养驼是件很辛苦的事。母驼孕期13个月，一般春季产羔，接羔保育需十分精细。春季又要剪驼毛，一般每驼产8—10斤。清明前后，要给骆驼灌大黄、绿豆汤、麻油等，以清热消火。驼队回来后，要给骆驼放青，使其恢复体力。此外，还要常对驼鞍、驼屉（用驼毛制成的垫子）进行修理备用。

归化城牲畜交易的场所叫"桥"，位于城区北面。每逢集市，各地的骆驼，包括蒙古贩回的骆驼，都会汇集到驼桥进行交易。归化城还成立有驼桥福庆社，专门协调办理骆驼交易行的事务。骆驼价格时有波动。光绪初年，牲畜的价格为：每峰骆驼白银20

或 30 两，普通马 7 到 9 两，公牛约 8 两，羊 1 两 3 钱。一峰骆驼约相当 3 匹马、3 头牛或 15 到 20 只羊的价格。

由归化城向外运输的驼队，根据实际需要机动灵活地组织配备，而不是完全固定不变的。一支驼队，时称一顶房子，是由有关人员和驼、马、犬共同组成的临时集体。有时驼队中还有随行的掌柜和客人，一般都骑驼，尊贵者乘驼轿。大的商号，每年能派出十几顶房子。

这里的房子，指的是由人的住所引申为活动帐篷，一般为两面坡型，比蒙古包拆装方便，按容积分大中小三种，分别为 1.55 丈、1.35 丈、1.15 丈（5.16 米、4.5 米、3.83 米）见方。后来，房子又成为驼队的代称。驼队的领队人叫领房子的，或简称领房。

领房的职责，是确保驼路上人员及牲畜货物安全，并将货物完整无缺、如数按期地运送到指定地点，可谓任重道远。驼路上，领房是驼队中说一不二的核心人物。他全权决定行进方向、路线、起程和歇息的时间，出面与路上所遇的各类人员交涉、应酬，并临时处置牲畜受伤、货物受损等意外情况以及遇到天灾、匪盗、野兽等突发应急事件。在驼队中，他的话就是命令，其他人必须无条件地执行。

能当上一个领房并不容易。他不仅要对沿途路线、水源、牧草等情况烂熟于心，而且能在阴天夜间、沙漠戈壁上辨别方向，能预见天气变化，还要掌握熟练的蒙古语，有普通的医疗知识和兽医常用的诊疗技术。更重要的是机警灵活，善于周旋，临危不乱，有勇有谋，能够带领驼队化险为夷，转危为安。领房人的这些本事，既有家传师承，更主要的是靠自己在驼场上的长期摸爬滚打、用心熟记和不断总结，是驼倌中千里挑一的难得人物，在社会上也极受人尊重。

归化城大的商号，都有自己的领房人。也有的是自由领房人，临时被商号雇请。在驼路上，领房人骑马不骑驼，有时往返巡视，

防止驼倌打盹、驮架松散或驼缰脱落。领房不仅沿途吃香喝辣，倍受照顾，而且拿着普通驼倌几倍甚至十几倍的报酬，更重要的是掌柜能允其自带几峰骆驼，自行运货贩卖，收入归己。但若驼队出现人为损失，则要包赔，若货物尽失，则要以自家性命作抵，自行了断。

领房的下面是先生，根据驼队的大小设 1 或 2 名，他是领房的副手，除了办理领房交办事项外，侧重负责到达住宿处后架设帐篷、挖土安灶、捡点用具、组织骆驼饮水、给骆驼治病、给马钉掌等事务。先生也是骑马不骑驼。

先生的下面是驼倌，也称驼夫。每支驼队所用的驼倌牵引的骆驼数量不等。驼队是以把子计算。一般不讲，走蒙古和新疆的驼队，是大中房子。大房子由 8 把子骆驼组成，每把子分成两链，每链子 18 峰骆驼。每链子用 1 个驼倌，共 16 人，288 峰骆驼。中房子由四五把小骆驼组成，驼倌 8—10 人，每链子仍为 18 峰驼，每顶房子骆驼少为 144 峰，多则 180 峰。走内地的因路程短且道路狭窄，为防止损害农田庄稼，一般为中小房子。每顶中房子为四五把，但每链子骆驼成为 10 峰，每顶房子骆驼在 80—100 峰。至于小房子骆驼在几十峰，主要承揽零星就近的短途运输。

上首的驼倌，则称为把头，具体组织管理驼倌，一般也是骑马。做驼倌也很不容易，不仅需要体格健全，吃苦耐劳，脑子灵活，而且要"熟悉蒙古语、熟悉蒙古情、熟悉蒙古人"，归化城曾有"十个汉子里才能挑出一个好驼倌"的说法。驼倌能够被大商号长期雇佣或临时聘用，也有

许多要求和条件，如需要一家店铺或有声望的人士作保；必须无条件地遵守该家的规定；货物未交清前没有休息天等。

驼倌中还有两名锅头，他牵引的骆驼拉的不是货物，而是全房子途中的口粮、副食品、炊具、大水桶、牲畜饲料以及饮驼用的水槽等用具。口粮主要是白面、莜面、干馍、炒面、炒米，副食品主要是黄酱、黑酱及肉炸酱。如有客人与驼队随行，还要准备客人所需的各种点心。到了宿营地后，锅头要承担搭锅做饭及相关杂务。

在驼队中，还有一支小狗群，八九只到十来只不等。归化城大的商号都有自己的养狗场，养狗数百只，驼队出行时抽派。其中走蒙古、新疆的是"巨獒"。 巨獒体型壮大，性格凶猛，用以沿途保护驼队安全。当驼队遇有匪盗和野兽时，巨獒舍生忘死，拼力保护，多有死伤。有时巨獒还能承担"信使"作用。

驼倌生活艰苦，报酬却低。报酬方式有多种。以清末归化城走后营为例，一种是月得白银1两2钱，但分给1峰骆驼由其自行起运贩卖，收入归己，免除运费，成为一趟驼路收入的大头；一种是月得白银2两5钱，也可带一些货物自行贩卖，收入归己。若行前缺钱购货，商号还赊给一些，回来后结账，所欠之账则按月计息；还有一种是月得白银4两，但不许本人携带任何货物。驼倌在驼路期间的伙食、夏衣冬衣及毛鞋毡被等，由驼主供给。

驼倌的结局反差很大。有的驼倌终其一生，因种种原因始终处于贫困状态。也有的驼倌因走驼路而发家致富。

归化城里驼铃脆

11

驼队一上路，前后蜿蜒几里长，打头的骆驼货驮子插着商旗，驼铃在风中叮当作响，构成一条独特的风景线。

这是归化城的驼倌根据自己的亲身经历编唱的爬山调，道出了驼路上的艰辛生活。当时还有"赶车下夜拉骆驼，世上三般无奈何"的顺口溜流传。

当商号或驼运店揽妥货物、组成驼队，决定起动日期后，全房子的人就要迅速做好各项准备。对驼倌来讲，主要的绑好货驮子。一峰驼驮左右两个货驮子，货驮子必须绑紧绑牢，而且两边

重量要相等。为保护驼背，装货驮子时，先给骆驼身上披一个驼屉，上面再垫一块薄草垫子，然后装货驮子。驼倌自身，要从脚到小腿裹好用细驼毛线织面的裹脚带子，再穿上肥又大的牛鼻子鞋。冬天则要穿老羊皮裤，上身内穿夹袄、小羊皮袄，外穿短皮袄，头戴毡帽，外包一蓝布巾，这身穿戴足有三四十斤重。

驼路上驼倌除了自身穿戴没铺没盖，只有一个长方形布口袋，内装自用的碗、筷、针钱包及骆驼用的鼻郎、节槽子（拴鼻郎用的短毛绳）和驼缰绳等用品。驼队一上路，前后蜿蜒几里长，打头的骆驼货驮子插着商旗，驼铃在风中叮当作响，构成一条独特的风景线。

驼队一般日宿夜行，到第一个住宿地，驼倌首先让骆驼卧倒，卸下货驮子，然后分三班轮流给骆驼放牧和饮水。其余驼倌则在先生的带领下，有的负责搭架帐篷，挖土垒灶，有的则到四周拾

拣柴禾和牛、驼粪作燃料。放牧骆驼在夏季且遇有水草好的地方
比较容易，但须察看草场，如有种醉马草，骆驼十分爱吃，但吃
后就会东倒西歪，走不了路，还有种爬地草，骆驼吃了就日渐消
瘦体力不支，驮力下降。另外冰雹打过的草骆驼也不能吃，吃了
则泻肚不止。

　　在冬季或在沙漠戈壁路上，放牧骆驼要走很远的地方。人畜
饮水，要防止误饮苦水、咸水甚至毒水。到了冬天，天寒地冻，
滴水成冰，井水冰凉，驼倌打水饮完所有骆驼，手臂都冻得僵硬了。
如遇雨雪天干柴找不到或找不足，无法生火做饭，全队人员只好
拌着炒面凑合。

　　驼路上的天气变化无常，特别是在沙漠戈壁上，烈日当空时，

滚烫的沙粒可烫熟鸡蛋，人热得难以忍受。有时瞬间会狂风大作，飞沙走石，甚至能将人畜和货物刮得无影无踪；有时又会雷雨交加，将人畜淋得浑身湿透，打战发抖。一旦遇上此类天气，必须就地住下，以保人畜货物安全。

在去往新疆的驼路上，有时十几天没有水，全靠驮的水维持生命。驼路上还出现骆驼生病死亡等情况，这就要把这些骆驼所驮的货物，放在一起派人看守，走到下一站后再派驼倌牵引骆驼拉回，让其余骆驼分担，这就延长了行程的日期。

驼路上还可能出现其他意外情况。有时遇到匪盗来抢人掠物，驼队防卫过程中会有人畜伤亡。军阀混战时代还有一些地方私设税卡，征收各种苛捐杂税，甚至派武装人员寻找驼队强行收税扣货，使驼队苦不堪言。

漫漫驼路话沧桑

12

茶叶无疑是运往蒙古高原的最主要产品，因而归化城通往蒙古、新疆乃至俄罗斯、哈萨克等地，又被称为"茶叶之路"。

清初康熙年间当过外交官的钱良择所写的《竹枝词》，生动地描写了草原市场上蒙古族群众赶来驼、马出售兼寻购布匹茶叶的热闹场景，当时盛行以物易物的方式。史籍还载："塞外不用银钱，专喜黑茶、青蓝梭布，往往牵牛羊驼马来易。"（清·张鹏翮《奉使俄罗斯日记》）这说明，茶叶、布匹是驼运进去的大

宗货物，而牛、羊、驼、马等牲畜是购回的主要产品。

蒙古高原畜牧业发达，活畜及肉、皮、毛等畜产品十分丰富。皮毛加工、金银铜器制作等手工业有着悠久的历史。在广袤富饶的大地上，生长着许多珍贵的野生动植物，还有野兽皮张、野生药材、木材等，都为内地所需。此外，金、银、盐等矿产，虽然内地也有，但贩运回来"其利最广"。而内地农业和手工业发达，茶叶、布匹、绸缎、粮食、烟和各种日用品，均为蒙古族所需。一般牧民能够"御寒兼止渴"即已满足，而王公贵族、宗教上层人物和清廷当地的官衙、宅属和军营，迎来送往，交际广泛，用度奢华，生活铺张，对内地商品更是要求种类繁多、务求精美。因此，各驼队都是根据蒙古高原需要组织货源。货源既有归化城或内蒙古地区生产的，更多的是从内地组织的。大盛魁就号称"集二十省之奇货裕国通商""以其所有易其无"，驼运的商品"上自绸缎，下至葱蒜"，几乎应有尽有，无所不包。

茶叶无疑是运往蒙古高原的最主要产品，因而归化城通往蒙古、新疆乃至俄罗斯、哈萨克等地，又被称为"茶叶之路"。大盛魁的小号"三玉川"设在山西祁县，也是该县最大的茶庄，在湖南、湖北采制各种砖茶。因驼队装砖茶的箱子大小固定，按装箱块数，分别称二四茶、三六茶、三九茶。大盛魁根据牧民口味，对砖茶制作不断改进。相沿日久，牧民对"三玉川"品牌砖茶极大信任，尤喜"三玉川"的三九砖茶。砖茶因质量、重量稳定，又发展成具有货币性质的等价物。如清末乌里雅苏台的市场上，一块三九砖茶可换 15 斤绵羊肉、2 张绵羊皮、7 斤绵羊毛，14块三九砖茶换 1 匹马。大盛魁每年往蒙古运输5000 箱左右砖茶，盛时上万箱。此外，还有花茶、

红绿茶、龙井、毛尖、普洱、米心茶（用红茶末制成）等。

　　活畜及畜产品始终是商号从蒙古高原上购回的大宗产品。向归化城返回时，驼队还要有专门的马把式、羊把式，负责沿途赶马赶羊。俄罗斯人波兹涅耶夫1892年（光绪十八年）来蒙古高原考察后所著《蒙古和蒙古人》一书记载：

　　归化城的商人用商品从蒙古换回马、牛、羊，再赶到归化城交给归化城城里的贩子们，由他们与买主作价卖出。骆驼主要卖给"专门从事运输业的中国内地和长城以北的一些商号，马匹运往长城以南地区，远到上海、广东一带"；牛的销量不大，几乎全部供应呼和浩特本地之需。牲畜贸易额很大，仅羊一宗，归化城本地销量就达20万只。

　　驼队除了给指定商号运送货物外，有时还做零星售货的生意。在蒙古高原，有的驼队带着帐篷，驮着大量货物出去售卖；有的驼队住在蒙古人家中做生意。驼倌们从外面贩运回来有自主处置权的物品，在归化城内批发或零售。

　　1921年张绥铁路通车，1923年又延伸到包头，京包铁路全线贯通，同时修通多条公路，汽车也逐渐增多，归绥以内的驼路大都被铁路、汽车运输所取代。1927年国民政府将绥远特别行政区改为绥远省，定

归绥为省会，改都统为省政府主席。1930 年军阀称霸新疆，西路
又日益衰落。只有少数驼队往返于绥远省内及宁夏、甘肃承担短
途运输。此期间军阀混战，归绥过往驻扎军队繁多，军纪败坏，
商民负担沉重且损失巨大，称雄二百余年的大盛魁也于 1936 年
倒闭。

1937 年"七七"事变后，日寇发动全面侵华战争，10 月归
绥沦陷。在日寇统治的 8 年间，为达掠夺中国资源、"以战养战"
之目的，规定所占地区的各种牲畜、畜产品、粮食等必须由日本
公司或受日本控制的伪政权公司经营，完全垄断了归绥的商业，
驼运业也受到了毁灭性的打击。

多种原因相互交织的结果，归绥市到 1949 年解放前夕，仅

余 1300 余峰骆驼。

　　中华人民共和国成立后，党和政府将归绥市剩余的驼户组织起来，成立了驼运合作社。1954 年，绥远省合并于内蒙古自治区，归绥市改为呼和浩特市。随着包兰线、集二线、兰新线等铁路干线的修通和公路交通的飞速发展，呼和浩特市的驼运业于 20 世纪 50 年代中期彻底告别了历史舞台。

　　如今，人们只有在城市公园、草原沙漠旅游点，才能见到骆驼的身影，或领略骑驼的风采。至于想见到成群的骆驼，则要深入到呼伦贝尔、锡林郭勒、鄂尔多斯、巴彦淖尔、阿拉善等草原深处。

故事链接：

达尤将军的"特种部队"

　　成吉思汗征战打天下的时候，他的将军都是能征善战的英雄。

其中有个叫达尤的将军，更是智谋深广。他带领的军队，往南行进，刀刃不沾一滴血，就能长驱直入，他的军队占领了一个又一个重要的城市和乡村。

达尤将军行军出征时，所带的兵马并不多，可是他有一个特别的兵营，那就是骆驼队。他的军队走到哪里，既不住店，也不骚扰城乡百姓。一到夜间，他就把一个营的骆驼拉成一条龙，再圈成一个圈，全军的兵马在中间打野盘。他们烧火做饭，吃饱喝足后，就点起松枝，燃起一堆堆篝火把营地照得通明通亮。然后士兵们围成一个圆圈，踢着牛皮做的一个大皮球，玩得非常快活。踢累了，玩够了，他们就地躺在皮毡上睡觉。

第二天早起准备出发的时候，他们就把头天晚上踢的牛皮球装起来，然后扔下几个一样大的大铁球，赶着骆驼队走了。达尤将军的军队开拔以后，当地的居民百姓看到营盘的地方扔下的几个大铁球，搬都搬不动，更别说用脚踢了。于是，人们立刻传说起来，说达尤将军的兵将们如何如何有力气，几个人搬都搬不动的大铁球，他们一脚就能踢到半空，和这样的军队打仗，神兵也不会打胜。

宋军听到这话，当时就吓得酥骨了。也有那不信传说的将军们，他们带着军队去交战。可是，不管是正面交战，还是夜间偷袭，都被达尤将军带领的蒙古军队打得完败，常常是全军覆没。

宋军再也不敢交战了，一听到蒙古军队开过来，立刻吓得软了腿。将军们只有带着士兵，跪立两厢，俯首称臣。

就这样，达尤将军带领军队一直作战到了云南。据说如今大理那地方的蒙古族，都是当年带过去的军队留下的后人。

苏尼特的赶驼人 **13**

牵驼人一路的生活非常艰苦。他们行走在荒无人烟的沙漠戈壁，经常要受到断草缺粮的威胁、高寒炎热的煎熬、豺狼和风暴的袭击、疾病和洪水的侵扰，还要注意防匪防盗。

很多年以前，草地上没有铁道，没有公路，只有荒凉的驼道。牧区里没有商行，没有买卖，只有拉脚的骆驼。

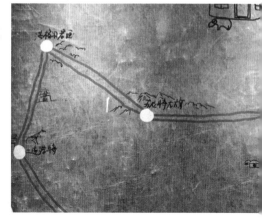

草地上的脚驼，把运输和贸易背负于一身，一练一串，络绎不绝，走过月夜，走过戈壁。牵驼人坐在高高的首驼上，在单调而执着的驼铃中摇晃、打盹，既是崇高，又是寂寞。

在没有文字的时候，那原始稚拙的线条，就把这幅图画记录在苏尼特的岩石上。

后来，苏尼特驼运的组织者，主要是内地的买卖客商，也有本地的王公牧主和普通牧民，开展畜产品、食盐与日用品、粮食的"易货贸易"。路线是张家口到大库伦（乌兰巴托），或西到归化（呼和浩特），甚至迪化（乌鲁木齐），长驱千万里，历经四季，骆驼和人都要经受严峻的考验。为了适应这种生活，

脚驼提前十多天就要牵回来，每天适当放出去吃一点草，隔两三天饮一次水，待排出的粪便捻碎以后没有潮气，就说明可以长途跋涉了。

　　牵驼人路上住的帐篷、吃的干粮、过冬的衣袍以及锅碗瓢盆等等，都要准备整齐。至于鞍具、口袋、杀绳等运输必需的装备，自然更不必说，还要把皮张、食盐等打捆、装载好。骆驼的役使和驮载，既简单又科学。骆驼那么高大雄伟，在鼻孔上方穿个孔，插进一截柳木，柳木上系根绳子就能把它制服。驼鞍具也很简单，两块长方形的垫子，两个梯子似的驼架，将它们搭在驼峰两边以后，再横着铺好杀绳。杀绳上有活扣，驮上口袋以后，用别棍一别就别住了，帐篷和生活用品专门装在一个口袋里，驮在最前面的

骆驼身上，蒙古语称之为家当驮子。在阴历九月底或十月初，选择一个吉祥的日子，把左邻右舍请来，为牵驼的人送行。牵驼人的家长或乡邻中的白发老人，要把鲜奶抹在牵驼人的额头上，祝福他们一路平安，吟唱优美动人的祝词以壮行色：

不要把鼻拘折断

不要把驼蹄磨穿

不要让驮子偏斜

不要把驼峰压弯

拣草好的地方走

拣水好的地方行

中午要记住打尖

黎明时早点动身

吃喝时不要磨蹭

睡觉时不要太沉

走路要避免坎坷

要小心土匪强人

愿皮张食盐能卖高价

满载而归收获丰盈

阿爸额吉在祝福你们

妻子儿女在等待你们

手搭凉篷在盼望你们

掏心挖髓在怀念你们

左邻右舍在惦记你们

愿你们吉祥而归

眉开眼笑与家人相逢

呼瑞呼瑞呼瑞

这时人们帮着牵驼人上好驮子，在头峰骆驼之后，依次练上第二峰、第三峰骆驼……在队伍最末的骆驼脖子上，戴一只大铜

铃，把鲜奶洒向天地，含着眼泪目送他们上路。直到长长的驼队消失在远方，人们才恋恋不舍地掉过头来向各家归去。据说，扫尾那峰戴铜铃的骆驼体格最好，至于为什么要戴铜铃？有人说是为了人，如果后面的链子断了，前面的牵驼人能听见。有人说是为骆驼。骆驼夜里走路爱打瞌睡，听不到铃声就站住不走了。

苏尼特驼运一行一般都是三至四人，每人牵 10 峰骆驼，每峰骆驼负重可达 360 斤到 400 斤左右，相当于一辆载重 6 吨的汽车。一个"嘎勒阿音"有一个领头儿的，人称"嘎林阿哈"。每次行走路程的方式和远近都不一样，分为老迈式、少壮式、喀尔喀式，喀喇沁式等等。

老迈式东方发白就起身，晚上住店，夜间不行路，一程只能走 60 到 80 里。喀喇沁式是天大亮才动身，日夜兼程，只在骆驼撒尿时小憩片刻，几天才一休整，每天可走 200 到 280 里。骆驼撒尿很有意思，它们一撒尿，一律后腿叉开，能尿好长时间。据说每天只准在黎明和午后撒尿两次，所以才像军队一样动作整齐。趁骆驼撒尿的工夫，牵驼人可以整理一下驮子，拾点干牛粪回来，或把磨裂的驼蹄缝好。或者休息片刻，喝口奶茶、吃点干粮。

牵驼人一路的生活非常艰苦。他们行走在荒无人烟的沙漠戈壁，经常要受到断草缺粮的威胁、高寒炎热的煎熬、豺狼和风暴的袭击、疾病和洪水的侵扰，还要注意防匪防盗。打尖的时候，他们并排放上三颗驼粪，用火镰从一头点燃，当这三颗驼粪烧完，他们就得上路了。住夜的时候，领头人要把一只碗扣在地上，耳朵枕着碗底睡觉，远处一有了响动就能听见。特别要防止狡猾的恶狼，它们会学着牵驼人的模样，叼着驼缰把骆驼悄悄牵走，牵到隐蔽的地方再跟同伙捕食骆驼一起聚餐。

牵驼人有个规矩，自己朝哪个方向走，住宿时帐篷的门就朝哪个方向开。刚离家的头一天不远走，走二三十里就住下，支起帐篷，生火熬茶。茶熬好后，先向天地祭洒，将其中一位长者让到西北（右后）

主位坐下，推举他为领头人，由其中一位年龄最小者给他敬茶。而后大家拿出各自的干粮，略摆小宴。大伙儿互相品尝，喝茶漫话，商量一些路上的事情。然后便早早休息了，第二天一早才真正开始了拉脚的生涯。这个仪式，蒙古语称之为"初宿宴"。当换上粮食布帛返回来，走到最后一站的时候，也要举行一个牵驼人分手的小宴，蒙古语称为"丰盛午宴"。仪式跟初宿宴相同且隆重，时间可以拉得长一点，酒也可以多喝一点。因为明天就要各回各家，免不了说一些惜别和下次再见的话，还要互赠一瓶酒、一包点心作为纪念。

当牵驼人拉着骆驼满载而归的时候，孩子们奔走相告，老人们满脸堆笑，左邻右舍都要出迎。让牵驼人尝过鲜奶，迎进家中，熬新茶为其洗尘。牵驼人也要把带回来的点心糖果取出一些，散给前来欢迎的孩子们。少不了拿出酒来，与来访的客人把盏共饮，

讲述一番旅途见闻。

故事链接：

骆驼山的传说

　　相传在很久很久以前，太仆寺旗骆驼山一带原本没有山峦土丘，而是田野开阔，一马平川。这里林木繁茂，水草丰美，沙榆红柳，沙棘柠条，恰如护花使者，维护着一片片花圃卉园，百般诱人；加上溪水长流，草深没膝，是放牧的绝佳地点，牧人的天然乐园；更为奇特的是这方水草牧养的牛羊，肉质鲜美，远近闻名，故而商贾如云，往返于坝上坝下以物易肉，牧人们过着幸福充裕的生活，称为奇域。

　　有一名叫斯钦的年轻人，从小失去双亲，在草原上游荡，生活十分艰辛。流浪到这里，是这片草原和热情的牧人们接纳了他。送给他牛羊，还送给了他一大一小两峰母子骆驼，使他有了生活的依靠。勤劳的年轻人加倍辛勤地牧养着他的畜群，牛羊也逐年增多，成了当地最富有的牧户。他乐善好施，助困济贫，深受牧人们的拥戴，大家一致亲切地称它为斯钦大勒噶（聪明的头人）。

　　斯钦与双驼母子有着极为奇特的感情。不用穿鼻拘、不用系牵绳，只要斯钦一声呼喊，一个手势，双驼便跑到他的跟前，跪伏在地，等候主人装驮，任由驱策。

　　有一年冬天，草原遭遇了罕见的暴风雪。这一天，风狂雪猛，牛羊走散。斯钦正在犯难之际，却看到牛羊向自己靠拢。正在好奇，才发现原来是双驼顶风冒雪，东奔西走，把散落的牛羊圈到一处。斯钦大为动情，心中默喊："双驼啊，是你们拯救了我的畜群"。只见双驼把成群的牛羊赶拢，而驼身上雪与汗水相融，结成了厚厚的冰层，跑向主人。主人被冻得面色发紫，浑身哆嗦，话也说不出来。斯钦知道，只要一倒下，就再也爬不起来，自己究竟能撑多久，心里没了底。正在斯钦绝望之际，只见双驼双双倒地，打起滚来。斯钦大为着急，以为双驼因劳累寒冷，体力透支，也要出事，心中一急，一头栽倒在地，失去了知觉。

不知过了多久，斯钦只觉得身上暖暖的，寒气全无，手脚活动自如，心里明白，自己逃过了一劫。心里想着双驼，睁眼一看，原来是双驼跪倒在地上，把他夹在中间，为他抵御寒风，他才保住了一条性命。这时他才明白，双驼伏地打滚，是为了滚落身上结的冰凌，然后用身体保护自己，他感慨地自语："驼尚且如此有情，何况人呢！一定要对这方牧人和这片热土有所奉献才行"。转危为安后，人驼的感情更加深厚了。

光阴荏苒，这里的人们过着平静富裕的生活。斯钦更加成熟，威望也越来越高。就在这时，这片草原上出现了一种怪现象：在草原中心地带，有一处最平整的地方不时冒出黑气，四处翻滚蔓延，所到之处，花草枯萎，树木凋零。而更为奇怪的是牧户们的牛羊时有丢失，这是从来没有过的事情。人们结伴前往探察，发现在冒黑气处，有一个锅口大的洞穴，阵阵黑气就是从那里冒出来的。并发现野生动物和牛羊，只要靠近洞口，便被吸进洞里。弄得人们惶恐不安。

于是，斯钦便召集牧户商讨对策。牧民中一长者长叹道："草原无宁日矣。远古时颛顼与共工交战，共工败而头触不周山，天塌地陷，其残部北逃，因而有了败北的说法。他们遁入草原，昼伏夜行，不见天日，阴气大盛，加上不敢公开露面，便在地下穴居求活，练就了地下穿行遁逃的本领。最初互相残杀，割肉而食，养成了食用人肉的恶习。最后弱者被食完，只剩下一老一少一对最强悍的父子，被称为阴毒双怪。如今，他们已将余部吃完，故不仅食用人肉，也食用其他动物。先人告诫，他们每沉睡三百年，作孽一次，口碑相传以至今日。不除此怪，草原永无宁日。"

斯钦急着追问："可有除灭的办法"？

长者沉思着说："办法不是没有，可有难度。阴毒双怪为纯阴之体，所惧者阳刚之物。阴天作怪最烈，艳阳高照之日，是它们最难受的时候。据先人说，唯有集齐十二生肖于一体之物，加上桃、柳、檀、榆、槐五种木材制成的算子盖在洞口上面，才能治之。族中人们已搜求到五种木材，但苦于不能搜集十二生肖于一体者为何物，致使此怪长期为害。此前，双怪祸害了苏尼特草原，草原上好端端的一个海子被他们开挖的洞穴形成了地漏，海水消失，鳞介类全部死亡，恐龙灭绝，草木枯萎，大地沙化，可悲可叹啊"。

听了长者的一席话，斯钦陷入了沉思。决心要除此祸端。这天晚上，斯钦翻来覆去怎么也睡不着，想着白天长者说的话，为了这方草原的平安，为了人们的安康，为了五畜的兴旺，他双拳紧攥，想着、想着便睡着了……

梦中，母驼告诉斯钦：制服阴毒双怪的好办法就在你身边，等到一个阳光照耀的晴好天气，你拿好五种辟邪木材做成的算子，我和小驼随你之后，到了那儿，你先用算子猛盖洞口，到时我和子驼自有办法……

梦醒后，斯钦想，也许是母驼在帮助我，我必须去试一试，也许能实现百姓的愿望呢。

一个烈日炎炎的晴好日子，斯钦把五种木材制成大于洞口的算子，拿到洞口，双驼也尾随而来。斯钦向洞中看去，只见双怪蜷曲在洞穴内，鼾声大作。穴内兽骨累累，黑气萦绕，恶臭阵阵向上涌出，令人头晕恶心。他把算子轻轻地盖在洞口，不想却惊醒了双怪，洞内发出异响，只听得怪声连连，既是痛苦，又是愤怒，还有身体滚动的声音，连地表也跟着颤动不已。一会儿，大地颤动得更加厉害，隆隆巨响不绝于耳。只见地面随着巨响和颤动，一个一个大包鼓起来，大有开裂之势。斯钦正在惊异之际，母驼趋前,站立洞口,屈膝卧下,用庞大的身躯将洞口盖了个严严实实。只见母驼双目紧闭,头颅下垂,浑身木然。近处响声消失,地颤停止。

这时,洞内发出了一声凄惨的悲鸣。随着悲鸣声,大地颤动得更厉害了,地表大包越鼓越多,成串滚向西南方向。

斯钦急忙跨上了子驼,一路追逐而去。一直追到了领头的大包,子驼上到顶端,俯下身子,卧在上面。斯钦下了驼背,看到子驼也双目紧闭,头颅下垂,浑身木然。鼓起的土包不再滚动,大地归于安宁。

眼看双驼为镇服阴毒双怪落得如此情形,斯钦即惊奇又悲伤,拖着沉重的步子,沿着仍有可能向前延伸的小土包,一路走下去。也不知走了多远,在最后一个最小的土包前停住。心想,如果土包下就是怪物,决不能让它再失控,一定要彻底镇伏它们,才能对得起母子双驼。他缓缓走上土包,盘腿坐在包顶,双手抚膝,闭目打坐。只觉得全身沉重,寒气弥漫全身,渐渐失去了知觉。

阴毒双怪被降服了,草原又恢复了往日的宁静和祥和。

后来人们发现,母驼变成了一座大山,就是现在的骆驼山(坐落在太仆寺旗骆驼山镇境内),子驼变成了一座小山,驼峰、驼脊、驼颈、驼腹十分逼真,栩栩如生,人们把它称作小骆驼山(坐落在太仆寺旗红旗镇境内)。而斯钦所坐压的小土包,也变成了一座小山,山上有一座石人头像(坐落在太仆寺旗幸福乡境内),人们都说是斯钦的化身,便把它称作石人山。一路鼓起的土包,都成了小山和土丘。这片草原从此有了山峦和丘陵。

八白宫的神骏白驼

14

　　达尔扈特人驾着白驼枣木花轮车，将成吉思汗的银棺运载到与八白室相距5华里的宽阔平坦的甘德尔敖包东草滩上。一年一度的成陵大祭的盛典将在这里举行。

　　"中华民国"二十四年，达拉特旗的森盖在挖地时，挖出一个小铁柜。柜长1尺5寸，宽8寸。打开铁柜之后，发现里边放了一本破旧的黄色蒙古文书。据说这是元朝将领突拔都跟随成吉思汗出征的日记。日记里记载：大汗在出征途中突然死去，将领与军士都十分悲痛。大汗手下的官员们议定，要给大汗举行葬礼。第二天早晨，拉战车的神驼（白骆驼）和成吉思汗原来骑的白马，都跑到灵前并排站在那里。一会儿，成吉思汗的白马用头碰地，致使脑袋破裂，当即死去。丞相把成吉思汗的衣服、帽子、宝剑等遗物，用香熏过之后，放在了一只七宝箱里，让那头白色的骆

驼拉上，在沙漠里走了 47 天，到了一块平漠洼地，白骆驼再也
不走了，任凭送葬的人们怎样拉，怎样赶，仍然站着。在这种情
况下，成吉思汗的手下官员只好祭奠、祷告。这时，大汗的宝剑
突然飞走，大汗的衣服、帽子也放出异常的光彩，大汗的臣民们
认为大汗喜欢这个地方，便把那个七宝箱葬在这个平漠洼地里，
并派人保卫守护。之后，又派人出去寻找那把飞走的宝剑，居然
在 100 里外的草原上找到了，于是便在那里修了放宝剑的宝库。

关于蒙古民族祭祀成吉思汗的史实，最早见诸史籍的是成书
于康熙元年 (1662 年) 的《蒙古源流》，为了祭祀成吉思汗，"因
不能请出其金身，遂造永安之陵寝，并建天下奉戴之八白室焉。"

成吉思汗及其原配孛儿帖夫人的灵帐中，有一副蒙古式工艺
图案的镀金银棺，连守灵的达尔扈特人也不知其中放有何物。"文
化大革命"中一群红卫兵闯进成陵，揭开了这个千古之谜，原来
里面只放着一小撮白驼毛。红卫兵们的失望代替了好奇心，这团

白驼毛自然就被抛弃了。

　　乌珠穆沁人临死的时候，家人要把一片绒毛撕细，轻轻敷在死者鼻孔上，看看喘不喘气。什么时候绒片不动了，就说明老人咽了气，赶紧把它收起来装进达拉勒根苏勒嘎中，作为珍贵之物保存起来。达拉勒根苏勒嘎是召福的香斗，只有招财进宝、迎禧接福时才拿出来供奉。把这团绒毛放入香斗中，享受这种永恒世袭的待遇，这是源于一种"人死灵魂不灭"的宗教观念。认为人死以后，灵魂还会留下来待在活人身边，冥冥中庇荫其后代子孙，这就是平常我们说的"在天之灵"。因此后人往往不敢怠慢，祀之唯谨。

　　吸附物不限于绒毛。也有木刻的人形、毡剪的人形，还有一根绳子上缠的哈达等等。想来死不由人，谁也不知道他什么时辰合眼。家人措手不及，在弥留的瞬间抓到了什么，就拿什么在口鼻上捂一下，就算吸附了灵魂。当然，最普遍的还是绒毛，因为这玩意儿在牧区唾手可得。把灵魂吸附在绒毛中，装在褡裢里放在勒勒车上，对游牧民族来说是最方便不过的事情。它不怕压，打不碎，不占地方，经济实惠。把灵魂吸附在绒毛上，随着游牧生涯带在左右，实际上是一间简化了的骨灰盒。额济纳旗的土尔扈特人，则把这种老者的代替物干脆称作"伊金"，这跟汉族供奉祖先的画像是一样的概念。

不过，蒙古族所谓的"伊金"，用在杰出人物身上，往往加以神话，带上宗教色彩。成吉思汗的那团驼毛，实际上的作用相当于"翁衮"——祖先在天之灵与地方守护神的集合体。这样说来，红卫兵造成的损失就是不可弥补的了。后来学者研究认为："以前人死的时候要在鼻子上放绒毛。断气以后把这团绒毛放起来，作为逝者的代替物供奉起来"。那团驼毛，或许就是成吉思汗灵魂的吸附物。

蒙古民族祭祀成吉思汗的活动，每次的祭祀都有固定的日期

和规模。在这些祭祀仪式中，成吉思汗纪元日历的 5 月 21 日（即农历三月二十一）为一年中祭祀活动规模最大和最为隆重的一次。祭祀活动的具体过程大体是这样的：

　　早晨，当满目葱绿的草场沐浴在金色的阳光里的时候，专司成吉思汗陵寝祭祀的达尔扈特人，按照历史上沿袭下来的传统祭奠程序，把成吉思汗的"银棺"从"八白室"里请出来，抬到那辆一年只能使用一次的，特殊、高大、古老的枣木花轮车上。为"银棺"驾车拉套的是一峰威武、英姿勃勃的双峰白驼。这峰白驼和那辆枣木花轮车一样，一年的 365 天中，这一天它备受瞩目。这就是说：那辆枣木花轮车和那峰白骆驼，都是成吉思汗陵大祭的专用品，虔诚的达尔扈特人是不会拿它们做其他事情的。

　　达尔扈特人驾着白驼枣木花轮车，将成吉思汗的"银棺"运载到与"八白室"相距 5 华里的宽阔平坦的甘德尔敖包东草滩上。一年一度的成陵大祭的盛典将在这里举行。

　　德高望重的达尔扈特达玛勒（达尔扈特部中的一个官职）带领一些专司移灵的达尔扈特人，把成吉思汗的陵包、"银棺"安放在灵柩的祭台上。祭台两侧，高高飘扬着 36 面龙凤大旗，四周的草滩上、沙梁上、敖包上、树林里，到处都扎满了蒙古包，聚集着身穿蒙古袍的牧民。与祭台相距几里路以外的草滩的边缘，那里才是外来商民摆摊做买卖的地方。

　　把灵柩在祭台上安置妥当之后，达尔扈特达玛勒们按照打开银棺的从外往里的顺序，排成一字序列，每人都从怀中掏出封锁某层"银棺"的金钥匙。然后，按着第一层，第二层……的开启顺序，一层又一层地打开了"银棺"上的金锁。开完最后一层的锁子，将灵柩的金盖撬开芄草叶那样宽的一道缝隙。这时候，祭台四周的蒙古族牧民，还根本没有嗅到从灵柩里散发出的那股古老的、神秘的、浓烈的檀香气息，他们的感情早已不能自持了，有的在望着那道缝隙一个接一个地磕头，有的看一眼那道缝隙后，再也不敢将视线投向那里，只是一个劲地磕头、磕头……这时候，人们的心灵，乃至整个身体，几乎都和成吉思汗的"银棺"紧密地融合在了一起……

伴着骆驼一起玩儿

15

蒙古族牧民在与骆驼长期相处的过程中，建立了深厚的感情，对骆驼的崇拜也发展到了极致。

由于骆驼的珍奇、灵性、美德和对人类的贡献，从古至今，骆驼始终被人们视作吉祥和深情的象征，一直受到人们的尊敬。

著名作家火华，在《金色的骆驼》歌词中书写道：

骆驼啊骆驼，金色的骆驼，

你驮我走过浩瀚的沙漠。

在那干渴的旅途上，

领我找到粼粼碧波。

在那风暴袭来的时候，

你用身体温暖了我。

啊，骆驼，有你引路，

我知道怎样走向生活。

骆驼啊骆驼，金色的骆驼，

你是一座行走的山坡。

风沙漫漫你昂首天外，

烈日炎炎决不退缩。

没有叹息，没有哀怨，

永远是一支奋进的歌。

啊，骆驼，有你引路，

我知道应该怎样开拓。

远古时期的游牧民族，把最好的骆驼挑选出来，敬献给天地、山神、不使用、不宰杀、终生供养。汉代开始，从宫廷到民间，都有摆供骆驼雕像的习俗。到了唐代，一些皇亲国戚、达官显贵，还将骆驼俑作为随葬品入葬。西安墓中出土的骑驼陶俑：骆驼卧地，胡人骑在双峰间，服饰色彩绚丽，姿势生动传神。唐宋以后，供奉的驼像由陶制品发展到了瓷、石、木、玉、铜、金、银等多种制品，牧民们更是将驼像世代相传，摆供家中，焚香祈祷。

13 世纪初，成吉思汗统

一蒙古各部落、建立蒙古汗国后，蒙古族开始登上中国和世界的历史舞台。骆驼随着成吉思汗和他的子孙远征，建立不朽功勋，因此蒙古族的养驼之风日益兴盛，对骆驼的饲养水平不断提高，培育出阿拉善、苏尼特、乌拉特等优良双峰驼种，阿拉善地区因养驼数量最多、质量最好而被誉为"大漠驼乡"。蒙古族牧民在生产生活的实践中，还创造了丰富多彩的歌舞、体育、娱乐、祭祀等活动，形成了民族特色浓郁、地区特色鲜明的骆驼文化。

蒙古族在养驼实践中形成发展的歌舞、体育、娱乐活动异彩纷呈，别具特色。为了颂扬骆驼的功绩，并希冀驼群繁殖增收，牧民们创作了索尔吉纳舞，即公驼舞或金驼舞。每逢秋季分驼群时，男女老幼拉手成排，边唱赞驼之歌边踏步起舞。其中有两人

分别扮演公母骆驼，模仿骆驼昂首颠跑，相互在队形中穿插追逐嬉戏。待"公驼"将"母驼"捉住后，换人表演。循环往复，尽兴而散。

赛骆驼是内蒙古草原上许多地方"那达慕"盛会上不可缺少的娱乐竞技活动。它分为近程赛和远程赛两种，近程赛3—5公里，远程赛以10公里居多。比赛前，一般要举行隆重的"唤风"仪式，骑手们驱驼绕燃烧的香火三圈，并接过行人敬献的银碗盛的美酒一饮而尽，然后到起跑线上等待比赛。比赛时，群驼你追我赶，争先恐后，最高时速可达80公里，连骏马也难与其匹敌。赛事结束后，还要重新进行类似"唤风"仪式的"接风"仪式，并当场发奖，有的地方万米驼赛的奖品是一峰骆驼。

驼球比赛更是一项具有浓郁草原特色的赛事。它的比赛规则与马球类似，每队4—6人，驼球场地长150米，宽100米，球门宽4米。每场分上下半场，各10分钟，中场休息10分钟，以击入对方球门球数多者为胜。若平局，进行10分钟的加时赛，如仍未决出胜负，就进行"点球大战"。每逢进行驼球比赛时，赛手们身穿艳丽的蒙古袍，足蹬长靴，手持赛杆，精神抖擞地进

入赛场。比赛时，只见高大的骆驼灵活地来回奔跑，驼球时而悬空，时而落地，给人以别开生面、紧张惊险的感受。

蒙古族牧民在与骆驼长期相处的过程中，建立了深厚的感情，对骆驼的崇拜也发展到了极致。佛教传入后，他们除了将最好的骆驼敬献给山神外，同时另选一峰敬献给佛，作为佛之骑乘。此外，对驼群中为全家做出巨大贡献的骆驼视为"功臣"驼，退役后也是不宰杀、不转售，终生供养。在一些养驼区，还盛行着将骆驼作祭祀的习俗。这种祭驼活动内容十分丰富，包括祭儿驼（公驼）、祭母驼、祭驼群等。

祭儿驼分别家祭和公祭。有首小诗描绘了牧民家庭祭儿驼的情况：

大年三十夜，各家祭儿驼。

天地同迎春，人畜呈吉祥。

庙祭又称公祭，一般在农历二月十五种公驼发情期间，牧民们赶着驼群从四面八方来到儿驼庙共同祭祀。仪式上，牧民们在庙内的骆驼神前摆放供品，主持人手捧哈达，面对骆驼神朗诵祝词，大意是：

尊贵高尚的骆驼神啊，

请给你的驼群，

带来佑护和吉祥吧！

让你的母驼全部怀胎，

让你的子孙具有雄伟的身材，

让你的种群壮大和发展！

祭母驼日期是在祭儿驼结束后，母驼产羔前一个月内，以祭火神的形式，由各牧户依次在各自家中进行，并邀请众多亲朋好友参加，共享丰收喜悦。各牧户都尽量找回自己所有的骆驼，其中献给山神、佛主和自家的功臣驼必须找回，如果其中一种出现空缺，则在仪式上重新选定继承者，确保永续不断。

蒙古族的骆驼文化，是草原文化的一朵奇葩。近些年来，内蒙古阿拉善、巴彦淖尔、锡林郭勒、呼伦贝尔等盟市的许多养驼区，每年还举办专门的骆驼文化节。阿拉善盟全盟现有骆驼 10 万余峰，额济纳旗早在 2000 年就举办了首届骆驼节， 2011 年 11 月又举办首届万峰骆驼文化节。在活动项目上，既有驼运技能、驼具制作、骆驼驾驭等表演，又有赛驼、驼球、骆驼"选美"等赛事，同时穿插其他丰富多彩的文化、体育、经贸等活动。通过举办骆驼文化节，进一步弘扬了与人为善、知恩图报、弃恶扬善等朴素理念，丰富了牧民的精神文化生活，也进一步增强了人们保护骆驼的意识。

16

冬天里的赛骆驼

参赛的骆驼，都是特意从驼群中选拔的"精英"，骆驼一旦被选中，就不能再让它拉车或驮脚，只能作为鞍驼专门骑乘。"精英"骆驼们在任何时候看上去都是膘满肉肥，威武雄壮。

金秋赛马，严冬赛驼。每年大约在十一月间，草原上都要进行赛驼的比赛。因为这时骆驼的膘情稳定、脂肪结实、筋骨强健，最适合参赛。赛驼和赛马一样，也是蒙古族的传统体育运动项目。从战争转到体育以后，骆驼跑起来一点不比骏马逊色。不过它不像赛马那么普及。

草原上的牧民们对于骆驼最初的骑乘，并不是为了进行比赛，不过每逢一些特定的日子，例如，应邀参加附近人家的婚礼或拜年的时候，常常会十几个人各自骑着骆驼同行，在驼背上拎着酒瓶子"瓶"来"瓶"往，喝到三分醉意，便都开始各自夸奖自己的鞍驼，有意无意地展开竞赛，几十里的路程一口气就能跑到。去了要去的人家，主人便会端着银碗迎出来，祝福和抹画最先抵达的骆驼。久而久之，就渐渐形成

了赛驼的民风。再后来转移到了体育盛会上，就成了骆驼那达慕。

内蒙古的赛驼主要在阿拉善举行，那里的骆驼总数占全区的百分之六十以上，近年来，苏尼特的冬季骆驼文化节也开始引起了人们的关注。

参赛的骆驼，都是特意从驼群中选拔的"精英"，骆驼一旦被选中，就不能再让它拉车或驮脚，只能作为鞍驼专门骑乘。"精英"骆驼们在任何时候看上去都是膘满肉肥，威武雄壮。

选择鞍驼的时候，首先要注意品种，要看它爸爸妈妈跑得快不快，爸爸妈妈跑得快的话，儿子就跑得快，不过骆驼的爸爸

都经过选择，一般都跑得不慢。另外还要看年龄。年轻的公驼和母驼的后代体质好，后劲足。其次形象特质要好。一般就来，快驼的体型要上宽下窄、四肢发达，脑袋尖，眼神活，绒毛相对薄一些的为最佳。

对象选好以后，练驼也很重要。三四岁的骆驼尚未成年，吊控要适当。骑乘要稳妥。将生驼驯熟以后，要多与跑得快的成年驼比赛演习。但不能跑得太远，否则体力损耗过大，自信心会受挫，

以后速度有减无增，要随着年龄和体力的增加，循序渐进，逐步提高。

赛驼会有裁判及助理 1—2 人，记录 2 人，统计 1—2 人，负责监督规则的执行，处理比赛中出现的各种问题。远程赛通常只跑一次，没有预赛。田径赛分组进行，每组不超过 10 峰骆驼，各组成绩以时间计算。

比赛过程中如出现下列情形之一者，视为犯规，酌情处理：用驼缰、鞭子抽打他人驼头或鼻子，影响他人速度者；从别人旁边擦过时，故意掀起对方的腿致使对方摔倒者；中途偷换骑驼者；届时未到者。

参赛前必须对骆驼进行吊控，拴系的时间要适当，饮食要适中，使其身轻体健。在野滩上抓了膘的骆驼抓回来以后，要在平整、干净的硬地上打入木桩，把它拴上去，不吃不喝吊控 5—10 天。什么时候骆驼打牙帮子、口吐白沫时才给饮水喂草。每日水草要定时定量，尽量喂细草饮净水，不能饿得太厉害。

中间可以把它牵到附近小跑一阵，出一些汗。如果肚子不胀鼓，说明吊控得比较合适。一般吊控 25—40 天为宜。如参加激烈的长距离比赛，要吊控 40—60 天。不过要根据季节状况、骆驼的膘情和赛场地形等灵活掌握。

参赛的前十天，可以进行演习性的比赛。不过一定要在正式比赛的前三天让骆驼休息，前两天的时候饮个半饱，喂得要好一些。正式比赛这天不饮水，只让它吃几口草。

赛驼一般分为远程赛、田径赛和拉力赛三种。远程赛为 15—

20公里，田径赛（跑圆圈）为3000、5000、10000米不等，拉力赛为20—30公里。

远程赛的路线，须定在地势平坦开阔，没有任何障碍的地方，起跑线和终止线要规定明确。除画出横线外，还插彩旗作为标志。在离终止线100米的地方，须画出一条迎接赛者的线，还要准备成绩表、计时钟。正式开始前，参赛驼备一薄屉，由体轻的男子、女子（多数为小孩）骑乘。排起队来，进入那达慕会场，顺时针绕主席台三匝走出来。人们纷纷跟在其后，泼以鲜奶，祝他们一路平安，载誉归来，接着来到起跑线上，等信号开始后一起奔跑。

当赛驼跑到迎接线的时候，有人便迎上来，按其先来后到分别授予冠军、亚军⋯⋯的牌子或旗帜。获得名次的骆驼及主人再次入场，顺绕主席台三遍，在主席台前按名次先后站成一排，头驼的脑袋上要戴红花。让骑手们尝过银碗里的奶酒以后，祝颂人要唤着头驼的名号

吟说《头驼赞》：

　　它有俯冲如雄鹰的，

　　暴烈的紫驼父亲。

　　它有奔驰如黄头的，

　　英俊的红驼母亲。

　　选太平之世而生，

　　择丰稔之岁而生，

　　在业已送走冬末而生，

　　在即将迎来春初而生。

　　吮吸着饱奶而长成，

　　嬉戏在桩前而长成，

　　采食鲜草而长成，

　　啜饮清水长成。

　　千家中无双，

　　万群中头名。

　　天可饱满的驼羔，

　　优良品种的子孙。

放入牧场为草原争光，

系于桩前为家园争光，

骑在背上为主人争光……

如此祝颂以后，又将主人抹画赞颂一番，向其赠送九九八十一件礼品，还给名列前茅的骆驼（骟驼公驼可以同时参赛）以相应的奖励。最后一名殿军也要祝赞，并赠送少量礼品。这时牧民们便聚在一起，饮酒唱歌跳舞，或者弹奏马头琴、浩比斯（火拨思）等民族乐器，这时，赛驼才进入了真正的高潮。

故事链接：

"黑狮子"骆驼

草原上一直流传着一个关于"黑狮子"骆驼的传说：很久以前，有一位美丽善良的牧羊女与一个英俊勇敢的小伙相亲相爱，是人人羡慕的一对金童玉女。当地一个有权有势的王爷的儿子，也看上了牧羊女，想娶牧羊女为妻。牧羊女誓死不从，王爷儿子干脆一不做二不休，将牧羊女抢到自己家里。小伙子心急如焚，但是王爷家权倾一方，小伙子根本无法靠近。有一天，小伙子在睡梦中梦见自己得到了会飞的一峰"黑狮子"骆驼，醒来一看，自家的蒙古包跟前果然立着一峰威风凛凛的"黑狮子"骆驼。于是，"黑狮子"骆驼每天夜晚驮着他，轻而易举地飞过了王爷家的高墙大院，与牧羊女约会，天亮之前再依依不舍地分手。后来，他们被王爷儿子发现，小伙子和姑娘都被抓住，并被野蛮地处死。两人死后，姑娘化作了沙漠中的一片绿洲，小伙子则变成了一只天鹅，每天在绿洲的上空盘旋，永远也不再飞走。

17

祝福满满的头驼赞

一首《头驼赞》赞美了一只无比健壮、毅力顽强的头驼。

骆驼是五畜之一,在牧民的生产生活中亦占有重要地位。在蒙古各部统一以前,史载有的部落虽然饲养骆驼,但为数不多,《蒙古秘史》虽有几处提及,也不那么突出。成吉思汗征服西夏后,骆驼的饲养开始迅速发展。当时西夏王不儿罕(李安全)投降蒙古,除将女儿嫁给成吉思汗为妻外,还进献了骆驼、鹰鹞等。在那以后,骆驼便成为五畜之一而普遍使用,在军内还设有专事牧驼之军务人员"贴麦赤"。骆驼体大力壮,能食用沙漠中生长的植物,耐饥渴、耐寒暑,腿长步子大,行走稳健,持久力强,是征战和运输的得力工具。在祭祀仪礼上,骆驼往往是上乘的礼牲,特别

是白驼，更是吉祥之物。所以自古以来，牧人对骆驼的祝赞丰富
而又精彩。

　　当冰雪消融，鸿雁飞来，大地复苏之际，母驼纷纷产羔下崽，
牧人喜获丰收，便要举行洒奶祭献，涂抹黄油仪式，为骆驼吟诵
召祝福词：

　　　　当雪亮候鸟飞来，
　　　　皑皑白雪消融，
　　　　黄白母驼产羔，
　　　　隆礼召福亨通，
　　　　呼瑞，呼瑞，呼瑞！
　　　　……
　　　　当乳黄雁鸭凌空，

青草泛绿向荣，

暗青色母驼下仔，

吉礼召福恢宏，

呼瑞，呼瑞，呼瑞！

……

靠圣成吉思庇荫，

骆驼刺饲料芳馨，

有穿鼻木的鼻勒，

有鬃尾做的缰绳，

骆驼一串串牵走，

美好的福禄来临，

呼瑞，呼瑞，呼瑞！

……

这首召福词共138行，生动地抒发了牧驼者的美好愿望。他们向东西南北四方祭洒祈求，希望"使驼群繁殖，威风凛凛的公驼……""有狮子般模样，有惊雷般吼声，闻名遐迩黑鬃公驼"……"能远征南北，运载物品的众多骆驼" ……"愈挤奶子愈多的，黄毛母驼"等等福禄在这里降临。

进入寒冬，牧民们对三至五岁的公驼进行阉割。一首《骟驼祝词》这样吟诵：

当那叶黄草枯，

金秋时节过后，

冰雪覆盖山野，

白色笼罩宇宙，

三星闪烁寒光，

三岁牛犊发抖，

三九严寒降临，

公驼开始情斗，

滩头河谷的骆驼，

在戈壁荒滩越冬时候，

按照成吉思汗的传统，

有个阉割泰洛克的风俗，（注：泰洛克，三至五岁未阉割的
公驼）

按照列祖列宗的遗训，

小公驼都须经过这道关口。

……

接着对小公驼加以赞美：

它已本领具备

它已身强力壮

雄狮一般威武

猛虎一般有力量

奔驰如同犴鹿

重负能越险岗

……

最后为酬谢众多乡亲在阉割中出力献艺，以美酒款待，对他们进行祝福。

一首《头驼赞》赞美了一只无比健壮、毅力顽强的头驼。它总是身负重物，在茫茫的沙海中领着众驼奋勇前进，默默奉献：

……

在那黄雁迷途的大雾中，

它能辨清西北东南。

在那盘羊干渴的酷热中，

它不知口燥舌干。

在那吹折哈那的狂风中，

它不找避风的栅栏。

在那冻裂的山岩的奇寒中，

它不需要暖棚热圈。

跑起来能将皂雕甩在后面，

能将野马甩得很远，

能将黄头抛得无影，

能将猎狗甩得不见。

从那荒漠上横穿而过，

从那蛮荒中飞掠向前，

从那山谷中凌空而去，

从那悬崖上径直飞卷。

……

谨以古代的风俗，

谨以祖先的规定，

表达普遍的向往，

表达全体的祝愿。

把这长篇祝词，

作为幸福向往奉赞。

把这喷涌的鲜奶，

作为食品头份敬献。

呼瑞，呼瑞，呼瑞，呼瑞！

　　这篇《头驼赞》妙语连珠，十分精彩。虽然记录较晚，但从核心部分看，还是古代流传下来的作品。民间传统说法，骆驼身体各个部位具备十二生肖之特征，且不乏这类驼赞。这篇《头驼赞》也巧妙地将此插入，悉数加以称颂，繁而不冗，杂而不乱，步步展开，层次分明，把骆驼的硕大体魄、形貌特征、坚强韧性、作用功勋一一绘声绘色地吟唱，可称得上情词奔涌，一气呵成，生动地表达了牧人对载运骆驼敬重、赞佩、感激之情。

阿拉善的祭骆驼 18

在内蒙古自治区阿拉善盟的广大牧区，蒙古族牧民中世代传承着一种古老的祭骆驼习俗。

"这位骆驼牧民跟我说，赶骆驼的最佳时机在秋末冬初。整个夏天的鲜美水草，可把驼峰滋养得胀而挺，三十三天内不吃，九天内不喝，照样可以扛着五百五十磅的东西，每天走三十二英里。简单来说，它们的行动速度不输马匹，但是负重能力犹有过之。在蒙古人眼里，外界视为天险的戈壁不过是小事一桩。当年，中国人硬是把长城外的戈壁，当作是捍卫中华文明的另一屏障，希望能遏阻草原上的野蛮人入侵；在蒙古疆界的另一端，沙漠中的

绿洲——中亚名城不花剌和撒马尔罕，也认为它们躲在沙漠之后，大可高枕无忧。事实都不然。没有任何沙漠可以挡得住这批强悍、精力旺盛的草原民族。普热杰瓦斯基上校曾经跟他们一道漫游戈壁，亲眼见识过蒙古人绝处求生的能力，清楚知道他们怎么熬过漫漫长日，踏过世上最干涸贫瘠的土地，往返于中国与中亚的名

城间进行贸易。"（提姆·谢未伦《寻找成吉思汗》）

在骆驼身上，充分体现了蒙古族人志在千里、目标如一的坚定信念，体现了不畏艰险，吃苦耐劳的优良品德，体现了自强不息、坚忍不拔的顽强作风，体现了忍辱负重、默默奉献的可贵精神。正如一位哲人所概括的：骆驼精神，一是相信沙漠的那边有绿洲，二是一步一个脚印走向充满希望的绿色。骆驼精神，始终是推动时代前进的伟大动力。

有一首蒙古族诗歌，用朴实无华的语言，赞美了骆驼精神：

骆驼，草原民族的神圣骑乘，

骆驼，坚忍不拔的大地精灵。

她那高大的身影，

赐予我信心和力量。

在那高耸入云的山峰间，

有牧人的孩子成长的岁月，

他们向往比驼峰还高的天空，

长大以后成为大漠的脊梁。

在内蒙古自治区阿拉善盟的广大牧区，蒙古族牧民中世代传承着一种古老的祭骆驼习俗。这是蒙古族集宗教信仰、传统生产、人文思想为一体的民间活动，有着十分鲜明的地域特色。阿拉善

的牧民对骆驼和自身关系的理解异常深刻，所以这里的人不但热
爱骆驼、赞美骆驼、甚至把骆驼当作神祇来祭拜。蒙古族祭骆驼
同其他民族的祭灶、祭火、祭土地、祭龙王一样，有其悠久的历史。
但蒙古族祭骆驼有所不同的是，祭骆驼不以神灵为主，而是以自
己饲养的骆驼为对象，把骆驼实体作为神的化身和使者加以祭拜。

　　蒙古族祭驼的内容非常丰富，由祭公驼、祭母驼、祭驼群等
活动共同组成，每项活动的形式和内容都不同。这种独特的传
统习俗，在骆驼产区的蒙古族牧民中影响深远而广泛，文化积淀
也非常厚重。

　　大量史料证明，汉唐开始，从宫廷到民间都有供摆骆驼雕像
的习俗。古人崇敬骆驼，广制驼像，用以祭供。西安出土的唐三
彩就是骆驼作为祭供用品的历史实物。牧驼人家不仅用骆驼实体
来贡敬神灵，在家中也雕制驼像，从陈列供放到焚香祭拜，历代
传袭，不断丰富内涵，逐渐形成习俗。随养驼之风大兴，祭驼习
俗也大兴。

蒙古族祭驼在骆驼产区流传极广，家祭活动遍布阿拉善各地。祭骆驼活动除阿拉善盛行外，同时还辐射巴彦淖尔、鄂尔多斯的部分旗县，新疆、青海、甘肃等省区蒙古族聚居的地方，以及蒙古国的部分地区。总之，在骆驼饲养地区的蒙古族中，都有同样习俗，其内容和形式也基本相同。

蒙古族祭驼有别于一般意义上的宗教活动，而是信仰和务实的结合，包藏着朴素唯物的内容，是牧驼人的精神寄托。祭驼活动所展示的人性化内容，孕育了当地蒙古族忠厚善良、坚忍不拔的骆驼精神。祭驼活动所产生的"功臣驼""骆驼赞""祝颂词""劝奶歌"等大量拟人文化，隐含着温柔敦厚、知恩图报、弃恶扬善的朴素哲理，已成为民族凝聚和人文传承的载体。抢救保护这一文化遗产，不仅有助于研究民俗民情，在研究骆驼文化和自然传承的民族心理等方面也具有重要作用。

蒙古族祭驼的内容非常丰富，每年要分三次举行，每次的形式和内容都不相同。祭儿驼。祭儿驼又分"家祭"和"庙祭（公祭）"，"大年三十夜，各家祭儿驼，天地同迎春，人畜呈吉祥。"这是举行家祭的时间，也是祭儿驼活动要表达的思想；农历二月十五日，在儿驼庙及其他寺庙举行祭儿驼集会，也叫庙祭或公祭。祭儿驼以种公驼为对象，主要体现骆驼体格健壮，良种永续的祈愿。各家牧户以共用水井为范围，在居住相对集中的几户人家中分户祭母驼。在此活动中以母驼为祈愿主体，多产良羔的"英雄妈妈"受到敬拜，"妙龄少女"也会备受青睐，祭母驼是祝愿它们百母百子。在秋季，由牧户各自祭驼群，象征收获金秋。活动要请众多亲朋好友参加，充分体现丰收的喜悦。人们身着民族盛装，扶老携幼从四面赶来，其形式类似节庆。现在，随着牧民生活水平的提高，许多牧户都以家庭那达慕的形式进行。

蒙古族祭驼以阿拉善双峰驼为对象，在阿拉善蒙古族牧户中普遍举行，牧驼户无一例外。在阿拉善广大牧区，祭驼活动有着很深的社会基础和庞大的崇信人群。

19

传承千年的祭驼风

蒙古族祭驼源于上古时期，北方游牧民族接受萨满教之前，对山神、树神最原始的信仰。

　　阿拉善素有"骆驼之乡"的美誉，全盟骆驼数量最多时达到25万峰，占全国骆驼总数的三分之一以上。阿拉善草原总面积27万平方公里，荒漠戈壁占80%。牧草种类以"扎干"（梭梭）、珍珠、红砂、柠条、沙拐枣、沙蒿等29种灌木和半灌木牧草为主，是骆驼的主要采食牧草。正是阿拉善独特的自然环境和植被，选育和造就了骆驼这种耐干旱、耐粗饲的优良畜种，使草原和畜种相得益彰。历史上这里以生产骆驼闻名，因此，也无可置疑成为

蒙古族祭驼的发源地和盛行区。

蒙古族祭驼活动的分布区域虽然广大，但最集中的地区在阿拉善左旗的乌力吉、银根、吉兰泰、敖伦布拉格；阿拉善右旗的塔木苏、笋布尔、努日盖；额济纳旗的温图高勒、古日乃等在历史上均有"万峰驼苏木"之称的地方。这些地方骆驼数量大，养驼户集中，祭骆驼活动也主要在这些地区的蒙古族牧民中举行。其他各苏木及巴彦淖尔、鄂尔多斯的部分旗县，青海、甘肃、新疆等省区，蒙古国的部分地区，养殖骆驼的牧民家虽有相同习俗，但其规模和影响已远不如万峰驼苏木之大。

蒙古族祭驼源于上古时期，北方游牧民族接受萨满教之前，对山神、树神最原始的信仰。早在原始社会后期，氏族公社时代，我国北方的游牧民族就已经把骆驼驯化，称骆驼为奇畜。据《逸周书》"伊尹为县令，正北空同、大夏、莎车、匈奴、楼烦、月氏诸国，以骆驼，野马……为献"的记载，当时骆驼在内地确实属稀有动物，故"北蛮人"当作珍贵的礼品用以供奉和进献。考古学也证明：大约距今 100 万年—50 万

年间，双峰驼就进入黄河流域。在这漫长岁月中，游牧人有无信仰呢？据《史记·匈奴列传》记载："唐虞以上，有山戎、猃狁、荤粥，居于北蛮，随畜牧而转移。其畜之所多则马、牛、羊，其奇畜则橐驼"。可见人类历史在有文字记载之前，在原始宗教还未进入北方游牧民族时，人们就开始对骆驼产生了朴素的敬仰之情。

"唐虞以上"的悠悠岁月中，"北蛮"驯养之"奇畜"，在家畜中的地位最高，这完全是骆驼在生产生活中自身的价值所决定的。骆驼负重100多公斤，行走几天乃至十几天不吃不喝；作为骑乘可连续使用，出门时不必为其准备草料；骆驼产出大量奶食、肉食、绒毛贡献人类，使用价值超过其他任何家畜。它耐饥渴、耐恶境、

耐粗饲，可采食直径 1 公分以内的木质枝条；能喝其他动物不能下咽的苦咸水；最值得赞赏的是它能爬卧下来以降低高度，方便人类捆绑装卸重物。鉴于骆驼对人类的贡献和如此之多的特殊优势，"北蛮"游牧人视骆驼为天赐之神物，逐渐把骆驼的形象用来供奉。远古时期的游牧人，把驼群中体格最健壮的骆驼挑选出来，贡献给天、地、山神，名曰"敖恩根特莫"。白骆驼是驼中之稀，更是首选对象，这便是敖恩根特莫必须纯白的缘由。牧人们对这种骆驼不宰杀，不使役，不出售，每年祭拜，养老送终。这就是蒙古族祭骆驼的雏形，有文字记载的历史可溯源于舜之前。

从唐朝开始，骆驼俑便成为供祭品，用以供奉、互赠、珍藏。一些皇亲国戚，达官显贵，还将骆驼俑作为随葬品带入坟墓。闻名于世的唐三彩骆驼俑从墓葬出土，确立其祭用极品的地位。那时从京都到民间，供奉骆驼雕塑，蔚然成风，民间祭供随之大兴。之后的宋、元、明、清各代，均予持续，从未间断。在敦煌莫高窟明清壁画中，有许多骆驼作战和运输的画面，体现出其与"飞天"

彩绘釉陶载物骆驼
唐（618—907年）
市民捐赠

同等的神化地位。

唐宋以后，民间所供骆驼雕像主要来自内地的陶制品，后发展为用瓷、石、木、玉、铜、银、金等材料雕制。牧民自己制作的多为泥塑、木雕，民间工匠则多用石、玉、铜等材料制作。许多牧民家都有上辈或祖上传下来的骆驼雕像，摆供家中焚香祈祷。元代，随着成吉思汗远征，骆驼再建不朽功勋，人们对骆驼的崇拜也达极致。明中叶以后，蒙古族的俺答汗与朝廷建立贡市关系"饲驼羊百万余"，养驼业有很大发展。察哈尔的封建领主阿穆岱洪台吉 1587 年叩见达赖喇嘛时，呈献的"驼马兼以万计"。古代社会对骆驼的普遍重视，致养驼祭驼之风愈盛。

相传明末年间，阿拉善有一个驴耳朵汗，被狐妖所惑。汗王沉湎酒色，政务荒废，灾降民间。莲花神为救众生前来降服，妖

狐现形逃命。莲花神乘驼追到敖伦布拉格山上，骆驼却不幸摔伤了。莲花神弃驼穷追到一山洞，最终降服了妖狐。但是，那峰雄壮威猛的骆驼却因伤势过重，长眠于大山上。当地人民怀着悲痛之心，在骆驼死去的地方筑起一座敖包来纪念。后来发现，在骆驼死去的崖壁上，清晰地出现了一幅骆驼画像。此山崖顶端前倾，高千余米。据宁夏地质队测量，驼象在距山底800米高的悬崖峭壁上，人力绘雕绝无可能，属天然形成。驼像平时呈灰褐色，但在种公驼发情时节，驼像就会浑身变黑口唇变白，显出情态。当地群众称此山为"神驼山"或"儿驼山"，又在山脚下的敖包旁盖了一座庙，世代祭祀。此庙就是现今的儿驼庙，当地人每年祭拜，贯穿明清。

1928年，因几百年的风雨侵蚀，儿驼庙自然坍塌。当年，由格日乐达赖等人集资，在颓废的庙址上又建起了一座新庙。中华人民共和国成立初期庙宇被窜匪所抢，"文化大革命"期间被毁，儿驼庙的祭驼活动被迫停止。2004年，牧民们又在庙址的废墟上重建儿驼庙，祭驼活动又逐步恢复。

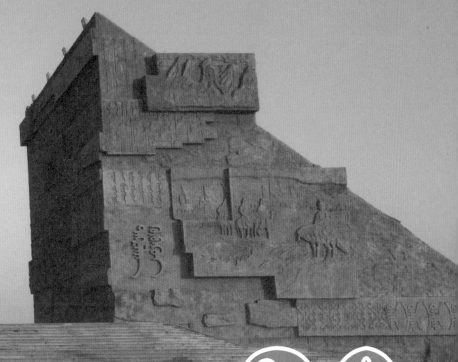

不一样的骆驼祭 20

伴随祝颂，祭众向骆驼神像磕头祈祷，盼望自己的驼群膘肥体壮，家庭幸福美满。

蒙古族祭驼不完全是祈求上苍神灵的宗教活动，绝大部分内容是针对已被人性化了的骆驼实体本身，同时寄托对美好生活的向往。祭骆驼的内容很丰富，形式也灵活多样。在时间上依据牧业生产年度，如种公驼发情期，母驼产羔期和驼群膘肥体壮的秋

季。这些都是骆驼生产的重要季节，也是骆驼经营饲养中的主要环节。

祭儿驼——祭儿驼是以寺庙为中心的集会活动，牧民从四周骑骆驼，赶驼群来到寺庙，共同祭祀。由于牧区居住分散，路途太远的还要在这里住宿。若驱赶骆驼确有困难的，也可携带儿驼的缰绳、鼻棍子代替，称为"心祭"或"顺祭"。绝大部分没有寺庙的地方以家祭为主，在相邻牧户间进行。

祭儿驼（以儿驼庙为例）因涉及家庭和人员较多，因此要提前做一些准备工作。特别是祭祀仪式的主持人和组织者需提前确定。儿驼庙的主持人一般实行逐户轮流的形式，在前一届结束时即已确定。本届活动开始时完成邀请喇嘛、准备炊具、赛事安排等事宜。

各牧户则要收集各自的部分适龄母驼，赶到儿驼庙。带足自

己全天的饮食和其他生活用品，并把祭供品带来。祭驼当天不用通知，牧民自行前往。仪式早晨开始，首先点燃敖包圣火，喇嘛开始诵《贡吉勒塔目》，祭众先转敖包，在敖包上供奉哈达、食品，把带来的骆驼鼻棍子、缰绳拴挂在敖包上，然后祭洒白酒、驼奶，撒向空中。诵经结束后进入庙内，点燃酥油灯，在骆驼神像前摆放供品：主要是煮熟的"羊乌叉"、奶食品、水果、哈达、白酒等。主持人手举哈达，面对骆驼神朗诵祝词。颂祝词是千百年流传下来的，有固定的格式和内容，大意是：

尊贵高尚的骆驼神啊，

请给你的驼群带来佑护和吉祥吧。

让你的母驼全部怀胎，

让你的子孙具有雄伟的身材，

让你的种群壮大和发展。

伴随祝颂，祭众向骆驼神像磕头祈祷，盼望自己的驼群膘肥体壮，家庭幸福美满。

在庙外的草地上，牧民赶来的骆驼拴在一起。凡是来到庙上的骆驼，都要在其笼头上拴挂念经过的哈达，在额头和鼻梁上抹酥油（蒙古语：米拉纳），在身上祭洒白酒和鲜奶，把希望和祝福付诸驼身。然后向驼群唱响赞颂骆驼的《骆驼赞》等长调民歌。午饭时，所有祭众都要分享在骆驼神像前已经过神光沐浴的"羊乌叉"（祭祀用的全羊），家中没有来的人，要分割一块带回去。最后，还要举行赛骆驼和评选骆驼的活动。整个活动下午结束，祭众开始返家。

在没有寺庙的地方，牧民采用

家祭的形式祭儿驼。牧民家祭在农历腊月三十举行，凡是能找回的骆驼都要集中起来。与庙祭不同的是要牵着儿驼围绕火堆或香炉台转三圈，有时也要请喇嘛念经。祭洒白酒、鲜奶和米拉纳的形式，基本与庙祭相同。

祭母驼——蒙古族祭骆驼的第二个内容是"祭母驼"。时间是祭儿驼结束后，在母驼产羔前的一个月内，以祭火神的形式，由各牧户在家中举行。

祭母驼仪式开始前，首先要点燃室外的香炉台（蒙古语"桑格英德尔"），在蒙古包中央的火撑子里点燃柴火，撒柏籽香，点亮酥油灯，把装有糖果、奶食品、油饼、酥油等供品的盘子和砖茶、白酒、驼奶、哈达、祭祀用的全羊、巴灵、嘎林布达（祭灶饭）摆在佛像前。喇嘛念《贡吉勒塔目》。主家要选择1—2峰儿驼和几峰已怀胎的母驼，绕香炉顺时针转，口念祝愿词。前来参加活动的人都要在香炉中祭洒白酒和刚煮好的奶茶，至诵经结束。

在蒙古包内的火堆周围，供放4个"巴灵"（魔鬼的意思，是喇嘛们用面粉捏成的一个想象中的魔鬼形象）和4个面做的酥油灯，喇嘛念《米塔乔特巴》祭火经。家主穿着盛装，把去肉的羊胸叉骨用五色丝线各缠绕三圈，中间塞进五色彩绸和棉花，同

时放红枣、干果、哈达、奶食品等，然后一起投入火中。将象征献给火神的哈达祭烧火中，把火堆周围的酥油灯和巴灵投入火中。全家人围绕火堆把酥油、白酒祭洒于火中。所有参加仪式的人都向火神祈祷：祝愿骆驼百母百子，膘肥体壮，抗御灾病。

祭母驼一般是共用水井的几家牧户依次进行，顺序自定，自约而行。其目的是每家都有人前来捧场祝福，创造喜庆场面，增进团结和谐和友爱互助。

祭驼群——祭驼群在每年驼群膘肥体壮的秋季，以招财的形式进行，喇嘛念招福经。

祭驼群时要尽量把所有的骆驼全部找回来，让它们沐浴仙气，接受祝福。特别是儿驼、"敖恩根特莫""色特尔特莫""达尔罕特莫"必须找来，向它们朗诵祝词，唱赞美歌。

敖恩根特莫——源于萨满教进入北方游牧民族地区之前。人们把驼群中最好的骆驼敬献给山神、树神。所选的敖恩根特莫，不分雌雄，以纯白色最好。选定后要视其为神的使者，终生供养，祈求神佑。

　　色特尔特莫——是在佛教传入后，敬献给佛的骆驼。同前一样，属于佛之骑乘，不得使用，终生供养。

　　达尔罕特莫——是把体型好、毛色好、产羔多、驮物多而稳、走路平而快，为驼群和家庭做出巨大贡献的骆驼视为"功臣"驼，退役后不杀不卖直至终老。

　　在祭驼仪式上，敖恩根特莫和色特尔特莫是作为神和佛的使者或化身，接受礼拜，传达祈愿。而达尔罕特莫则体现了以恩报恩的思想。

　　每年祭驼群时，如果这三种骆驼都健在，便在驼峰上悬挂用彩绸装饰、写着经文的"艾力登"（祭祀用品）葫芦。象征财富永远装不满、取不尽。如果出现空缺，此次活动就要重新选择继承者以延续，确保三种骆驼永续不断。在"色特尔特莫"的脖子上，还要拴上用五色布做的印着经文的"扎拉目"，常年不取以佑护驼群。

　　驼群中的这三种骆驼是牧民的心爱之驼，也是寄托精神和祈愿的物质载体。祭驼群时的隆重、虔诚跃然纸上，若身临其境，当会备受感染。

　　全部仪式结束后，主家要摆上全羊宴（羊乌叉），与来宾共贺。此环节也十分重要，久不相逢的人们把盏高歌，互致问候，亲密无间的友情年年有续，代代相传。

别致多样的祭驼供品 **21**

阿拉善是蒙古族祭驼最主要的地区之一。历史悠久，根深蒂固，是养驼牧户的世传习俗，无一家例外。

祭驼活动对服装没有特别要求，大都穿节庆时的蒙古袍。所用供品也是日常食品，但必须在祭祀仪式前专做。除祭品随火焚烧外，大部分供品都分而食用。

仪式中所用乐器有锣、鼓、镲、铃、喇嘛号等，由寺庙准备。祭祀所用的主要手工制品，分别由喇嘛和主家在祭典仪式前做好备用。祭驼群所用的手工制品，主要有以下几种。

"巴灵"（魔鬼）共10个，其中4个作为祭品，和其他祭品一样，

入火焚烧；另外 6 个则作为供品，摆在箱、桌等高处。做巴灵的
原料以青稞面为主，加红白糖、酥油、白面、中药面和香料，揉
制成形置于供盘，外涂酥油定型。所有巴灵形状各异，代表所敬
不同神灵。捏制酥油灯也用这种原料，形似高脚酒杯，注满酥油
后插上灯烛点燃。

　　"艾力登"即用一公分厚的木板做成长约20公分的葫芦形状，
在上端钻一小孔。把葫芦漆染成黄色，稍干后写上经文。然后穿
一根细毛绳，便于在骆驼身上拴挂。

　　"扎拉目"即用黄（大地）、绿（草原）、白（云彩）、红
（风）、蓝（天）五色布按顺序迭缝在一起，写上所敬神灵的字符。
各家按所敬神灵的不同，扎拉目上书写的佛名字符也不同，如：
纳木斯来，哈目，官布等等。艾力登和扎拉目上所写字符，全部
都是藏文，用红色油漆书写。

　　"达勒干苏木"　将五色绸缎加工成约 1 尺宽 3 尺长的布条，
固定在 1.5 米长的木棍一端。祭驼仪式过后，常年插在装满五谷
的"斗"或"升"里（蒙古语：达勒干赏），摆放在蒙古包正面
右侧。永久性住房，要摆放在正墙右角或箱柜家具上面。

　　羊胸叉骨　将煮熟的羊胸叉去肉，保留骨头的完整性，用五色丝线从骨头两端按"8"字形各绕三圈，使之成为船形。中间填充古勒岱、红枣、葡萄干、奶酪、五色彩绸条等，然后用哈达铺底，盛放在供盘内。

　　阿拉善是蒙古族祭驼最主要的地区之一。历史悠久，根深蒂固，是养驼牧户的世传习俗，无一家例外。在牧区，有许多民俗"土专家"。他们举办的祭骆驼活动，人文情趣浓厚，规矩要素准确，内容规范丰富。最具代表性的是千峰驼世家"安主大人"（清光绪御赐辅国公）家族。其后裔纳木吉勒策仁的父辈在20世纪50年代，把家中的骆驼无偿捐助给进藏解放军，为部队做驮运。他一生搜集研究骆驼文化，可谓祖传世家。

祖居"万峰驼苏木"格日乐达来，早在 1928 年就率众修建儿驼庙，组织庙祭，在敖伦布拉格一带有很高声望。2004 年，由世孙胡乌力吉牵头集资，又在神驼山原址上恢复了儿驼庙，并且恢复了祭儿驼活动，至今没有间断。

昂齐达格布从喀尔喀部迁来，也是阿拉善有名的养驼大户。他家饲养的骆驼以"戈壁红驼"为主，也是祭母驼活动具有代表性的家庭。后传于齐乐玛，现传至世孙呼日勒楚鲁。

20 世纪 30 年代，鲁布森年逾 70 岁时，把祭驼群的知识传给儿子额尔克别力格，到其子孟克巴图时代，已实行合作化，家祭活动终止到"文化大革命"以后。现孟克巴图又在家中恢复祭驼群活动，现传给儿子哈达扣。

祭驼只为更爱驼

22

祭骆驼活动，是骆驼产区蒙古民族民间文化和人文思想的传承载体。

蒙古族祭驼具有三个基本特征。一是不同于其他宗教祭祀活动。蒙古族祭驼是理想主义和现实主义的统一，也是牧驼人精神寄托的重要空间。二是在阿拉善驼产区，祭骆驼是民间的活动空间，祭儿驼则是层次最高的牧民联合空间，表达蒙古族祈求驼业发展的心愿。祭驼中宣扬和传递善行福祉的思想，体现人与自然和谐相处，使祭驼习俗传承不断。三是民主自治，邻里助善，虔心祭驼，合议自办。体现出民众的组织协调能力，是政权和制度之外的一种自发的民间社会秩序。

蒙古族祭驼有十分重要的社会人文价值，在骆驼产区的蒙古族当中，有不可替代的精神作用。主要表现在以下几个方面。

蒙古族祭驼是传统的民间文化，蒙古族牧民在饲养骆驼的同时，与骆驼建立起了人性化的关系，并把待人接物的朴素心理融会其中。它不仅为研究

民俗民情提供了重要根据，在研究骆驼文化和骆驼饲养方面也有十分重要的意义。

祭骆驼活动中，有极其丰富的人性化内容。经过漫长历史的演变和充实，产生了诸如"功臣驼""劝奶歌""骆驼赞""祝颂词"等大量的拟人文化。孕育出蒙古族忠厚善良，刚正不阿，吃苦耐劳，勤奋顽强的"骆驼精神"。

祭骆驼活动，是骆驼产区蒙古民族民间文化和人文思想的传承载体。除保留民间信仰，体育竞技，民间艺术，民间工艺的原生形态外，还衍传着人与自然、人与家畜的和谐，隐含着知恩图报，与人为善，善待周围，崇尚自然的朴素道理。蕴含了因势利导，言传身教的生活态度，传递着温柔敦厚，默契和谐的人生哲理。祭驼活动的广泛性和普遍性，把个体牧民紧密联系在一起。在促进牧民互助友爱，自然传承共同民族心理，增强民族凝聚力，丰富牧民文化生活方面，都有重要作用。

近些年来，随着养驼业逐年萎缩，民间祭骆驼活动呈现出淡化现象。现在，牧区实行退牧还草，转移搬迁等政策，蒙古族牧民中祭驼活动也在减少。传统的祭驼仪式、程序、礼仪等逐渐失传。特别是近十几年之内，阿拉善双峰驼锐减60%，总量一直徘徊在8万峰左右，直接影响到祭驼习俗的开展和传承。据普查，目前全盟骆驼数量最多的牧户，骆驼总数也仅有200多峰。牧驼、祭

驼均后继乏人，传统习俗濒临失传，人与自然和谐共处的人文环境受到冲击。现在，除极个别老人健在的牧户和骆驼数量相对较多的人家能勉强举办祭骆驼活动外，绝大部分地区已不再举行。

2006年，阿拉善盟文化广播电视局邀请盟内部分专家，召开专门会议，讨论蒙古族祭驼的历史、现状、作用、价值以及今后保护措施。与会人员一致认为，蒙古族祭驼不同于任何宗教祭祀活动，是驼产区蒙古族牧民崇尚自然、表达理想的精神空间，也是他们求真务实、自然和谐、因循善诱等生活态度的真实写照。祭驼活动以歌颂和赞美骆驼为主要内容，成功地塑造了骆驼的美好形象。特别是把那些为家庭做出巨大贡献，同主人建立了感情的"达尔罕特莫"（功

臣驼），尊为现实生活中的人物化"功臣"以供养，其含意和影响深远而巨大。通过祭驼活动，忠厚善良、粗犷豪放、彪悍顽强的民族心理在潜移默化中孕育和传递，具有深刻的人文哲理和丰富的文化内涵。

阿拉善是著名的"骆驼之乡"，拥有全自治区骆驼总数的三分之二多，在保护项目、传承发展、充实内容、丰富内涵等方面，都具有很强的代表性和权威性。

近些年，养驼业每况愈下，祭驼意识淡化，不仅传统的礼仪程序面临失传，其中所蕴含着的唯物朴素的生活态度、敦厚勤善的处世哲理等衍传内容，也正在受到冲击。现在，七旬老人健在

的家庭才能勉强举办祭驼活动，绝大部分牧户已近失传，抢救工作刻不容缓。

蒙古族祭驼作为非物质文化遗产，已面临失传，面对专家们的呼吁，阿拉善盟委十分重视。 并责成有关部门制定保护措施和规划，把蒙古族祭驼作为盟级非物质文化遗产保护项目，蒙古族祭驼又开始被政府倡导和保护。现在，政府部门已经同民间祭儿驼的组织者建立起了长期联系。积极鼓励有条件的养驼牧户带头举办，以带动周边群众。出现家祭空白区的地方，对首家举办户，文化部门还给予适当经费补助，重新唤起牧民对骆驼的钟爱。

蒙古族祭驼是蒙古民族宝贵的精神财富，是独具地方特色的非物质文化遗产。为使骆驼这种宝贵家畜得到充分的赞美，祝愿祭骆驼活动世代传承下去。

中华民族在历史发展的长河中，在艰苦卓绝的革命斗争中，需要伟大的骆驼精神。

曾任自治区政协主席的陈光林，在《骆驼》一诗中这样赞扬骆驼：

你像位老人，那么慈祥那么善良。

也许历经太多的岁月沧桑，

步履总是稳固坚强。

你是座大山，那么崇高那么威严。

也许历经太多的艰险磨难，

脚印总在写着奉献。

历史上，人们就用骆驼来比喻那些肯于吃苦、勇于进取者。在我们党内和我们国家，人们把那些为党和人民的事业鞠躬尽瘁、无私奉献的共产党员和领导干部，都赞誉之为"骆驼"。例如，老一辈无产阶级革命家任弼时，早在延安时期就被称为"骆驼"。叶剑英元帅曾这样评价任弼时："他是

我们党的骆驼，中国人民的骆驼，担负着沉重的担子，走着漫长的艰苦道路，没有休息，没有享受，没有任何的个人计较。他是杰出的共产主义者，是我们党最好的党员，是我们的模范"。这既是对任弼时同志骆驼精神的高度赞扬，也是对骆驼精神的最好概括。

郭沫若也写过一首《骆驼》的诗歌。诗中更是用骆驼来象征伟大的中国共产党和人民领袖，团结带领中国各族人民战胜各种困难，从黑暗走向黎明，并永不停步地进行新的"长征"：

　　骆驼，你，沙漠的船，你，有生命的山！
　　在黑暗中，你昂首向前，
　　导引着旅行者走向黎明的地平线。

暴风雨来时，旅行者紧紧依靠着你，

渡过了艰难。

……

看啊，璀璨的火云已在天际弥漫，

长征不会有歇脚的一天。

纵使走到尽头，

天外也还有家园。

过去，中华民族在历史发展的长河中，在艰苦卓绝的革命斗争中，需要伟大的骆驼精神。今天，在改革开放和社会主义现代化建设的宏伟事业中，在国家"一带一路"的重大战略实施过程中，在实现中华民族伟大复兴的壮丽征程中，我们仍然需要这样任重道远、埋头苦干、负重前行的骆驼精神！

又逢秋草黄，

几度锁夕阳。

踏破暮雨晨霜，

一路驼铃叮当。

驼铃里，风沙漫漫，

古道上，天地苍苍。

骆驼，骆驼，

你把艰辛踩在脚下，

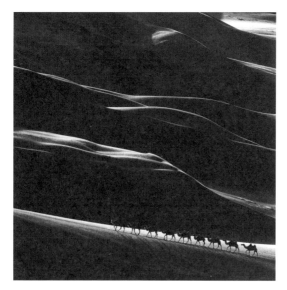

把征途当作一路风光。

天高飞鸿远，
脚下任路长。
走过寂寞凄凉，
相伴日月星光。
莫回望，旧日时光，
再打点，旅途行囊。

骆驼，骆驼
你驮起山峰的形象，
把坚韧印在地平线上。

我是那沉默的骆驼，
目光在风雨中高昂。
我为生命歌唱，
纵然有泪水忧伤。
我走过千山万水，走过朝霞夕阳，
去追寻信念的光芒、生命的辉煌。

趣闻链接：

阿拉善的"狮子"骆驼

在阿拉善地区，骆驼也被称为"狮子"，因为它的长相，包括背部、胸部的长毛很有些像狮子，看起来威风凛凛。

阿拉善的骆驼因为颜色的不同，分为"黑狮子""黄狮子"和"白狮子"三种。这三种骆驼不仅长相不同，而且性情脾气也相差甚远。

"黑狮子"异常凶猛，脾气暴躁，一般不让人接近它。"黑狮子"跑起来很快，一般时速能够达到60—80公里，在沙漠里，连越野车都赶不上它。草原上的牧民在那达慕大会上，都以驯服"黑狮子"为骄傲。特别是一些"巴特尔"（蒙古语是勇士的意思），都喜欢骑上"黑狮子"作为炫耀。这样的小伙子是大家心目中的英雄，姑娘们心中的如意郎君。正因为"黑狮子"很难驯服，所以人们将驯服"黑狮子"作为勇敢的象征。

一般"黄狮子"和"白狮子"的鼻子上都穿一个眼，套一根缰绳被人牵着走，唯独"黑狮子"没有，因为人们无法接近它。一旦有人接近它时，它就会从胃里喷出一些东西，喷向人群，作为自己自卫的一种方式。人们只有跑开很远之后它才能停止这种"恶作剧"。小伙子要想驯服"黑狮子"，就要从小与它厮混，给它弄一些好吃的，慢慢建立起感情。一般得喂它苞米、稀饭之类的食物，等长大后再想与它建立这样感情就晚了，但即使这样，还是不能完全将它驯服成像"白狮子"或"黄狮子"那样的温顺。不过，这也是牧民本身的需要，因为，还是需要保持"黑狮子"的烈性，这样它才能在沙漠中飞奔自如。

与"黑狮子"相比，"黄狮子"的性情温和，主人叫它趴下就趴下，叫它起来就起来，非常温顺听话。"黄狮子"耐力比"黑

狮子"还大，一般都会作为驮运队的运输主力。

　　"白狮子"个头高大，外表漂亮，通体雪白的毛发尤其令人喜爱。而且，它的经济价值高，毛的纤维长而细，暖和，可以做毛衣、披肩、被褥等。驼毛卖价比其它的骆驼毛皮能贵一倍。"白狮子"的性情也很温顺，小孩和姑娘都喜欢骑"白狮子"，看上去英姿飒爽，好不威风。过去蒙古族家庭姑娘出嫁时，往往会出动一个大驼队，由清一色的"白狮子"组成，就像现在人迎亲时是一色的"奔驰""宝马"一样，场面颇为壮观。

参考书目

1. 郭雨桥著：《郭氏蒙古通》，作家出版社 1999 年版。

2. 陈寿朋著：《草原文化的生态魂》，人民出版社 2007 年版。

3. 邓九刚著：《茶叶之路》，内蒙古人民出版社 2000 年版。

4. 杰克·威泽弗德（美）：《成吉思汗与今日世界之形成》，重庆出版社 2009 年版。

5. 度阴山：《成吉思汗：意志征服世界》，北京联合出版公司 2015 年出版。

6. 提姆·谢韦伦（英）：《寻找成吉思汗》，重庆出版社 2005 年出版。

7. 宝力格编著：《话说草原》，内蒙古大学出版社 2012 年版。

8. 雷纳·格鲁塞（法）著，龚钺译：《蒙古帝国史》，商务印书馆 1989 年版。

9. 王国维校注：《蒙鞑备录笺注》，（石印线装本）

10. 余太山编、许全胜注：《黑鞑事略校注》，兰州大学出版社 2014 年版。

11. 朱风、贾敬颜（译）：《蒙古黄金史纲》，内蒙古人民出版社 1985 年版。

12. 额尔登泰、乌云达赉校勘：《蒙古秘史》，内蒙古人民出版社 1980 年版。

13. （清）萨囊彻辰著：《蒙古源流》，道润梯步译校，内蒙古人民出版社 1980 年版。

14. 郝益东著：《草原天道》，中信出版社 2012 年版。

15. 刘建禄著：《草原文史漫笔》，内蒙古人民出版社 2012 年版。

16. 道尔吉、梁一孺、赵永铣编译评注：《蒙古族历代文学作品选》，内蒙古人民出版社 1980 年版。

17. 《蒙古族文学史》：辽宁民族出版社 1994 年版。

18. 王景志著：《中国蒙古族舞蹈艺术论》，内蒙古大学出版社 2009 年版。

19. 郭永明、巴雅尔、赵星、东晴《鄂尔多斯民歌》，内蒙古人民出版社 1979 年版。

20. 那顺德力格尔主编：《北中国情谣》，中国对外翻译出版公司 1997 年版。

后记

经过反复修改、审核、校对，这套《草原民俗风情漫话》即将付梓。在这里，编者向在本套丛书编写过程中，大力支持和友情提供文字资料、精美图片的单位、个人表示感谢：

首先感谢内蒙古人民出版社资料室、内蒙古图书馆提供文字资料；

感谢内蒙古饭店、格日勒阿妈奶茶馆在继《请到草原来》系列之《走遍内蒙古》《吃遍内蒙古》之后再次提供图片；

感谢内蒙古锡林浩特市西乌珠穆沁旗"男儿三艺"博物馆的工作人员提供帮助，让编者单独拍摄；

感谢鄂尔多斯市旅游发展委员会友情提供的2016"鄂尔多斯美"旅游摄影大赛获奖作品中的精美图片；

感谢内蒙古武川县青克尔牧家乐演艺中心王补祥先生，在该演艺中心《一代天骄》剧组演出期间友情提供的"零距离、无限次"的拍摄条件以及吃、住、行等精心安排和热情接待；

特别鸣谢来自呼和浩特市容天艺德舞蹈培训机构的"金牌"舞蹈老师彭媛女士提供的个人影像特写；

感谢西乌珠穆沁旗妇联主席桃日大姐友情提供的图片；

感谢内蒙古奈迪民族服饰有限公司在采风拍摄过程中提供的服装和图片；

感谢神华集团包神铁路有限责任公司汪爱君女士放弃休息时间，驾车引领编者往返于多个采风单位；

感谢袁双进、谢澎、马日平、甄宝强、刘忠谦、王彦琴、梁生荣等各位摄影爱好者及老师，在百忙之中友情提供的大量精心挑选的精美图片以及尚泽青同学的手绘插图。

另外，本套丛书在编写过程中，参阅了大量的文献、书刊以及网络参考资料，各分册丛书中，所有采用的人名、地名及相关的蒙古语汉译名称，在章节和段落中或有译名文字的不同表达，其表述文字均以参考书目及相关资料中的原作为准，不再另行修正或校注说明，若有不足和不当之处，敬请读者批评指正和多加谅解。